网络设备安装与调试

（华为版）

朱玉超　主　编◎

杨义峰　金　盾　张哲雨　副主编◎

段　欣　主　审◎

電子工業出版社.

Publishing House of Electronics Industry

北京 · BEIJING

内 容 简 介

本书根据教育部颁发的《中等职业教育专业简介（2022 年修订）》电子与信息大类中的相关教学内容和要求，并参照相关行业标准编写而成。

本书以工作项目为载体，以岗位实际工作任务和实际操作为主线，选用源自企业的真实项目和工作任务，围绕岗位要求，紧贴工程实际，讲解了网络基础知识、交换机配置方法、路由器配置方法、无线网络设备配置方法、安全配置方法，以及进行了综合实训。项目由小到大，功能上从简单的所有渠道互通，到复杂的 VLAN 划分，从路由协议到访问控制等一步一步递进展开讲解，使学生在学习过程中逐步增长知识，锻炼技能，养成良好的职业素养。通过教学项目的实施，学生能循序渐进地对项目有整体上的认识，达到教学目标；通过综合实训项目的学习，学生能提高对相关技能的掌握。本书课程实训资源丰富，能满足学生自主学习的要求。

本书是中等职业学校计算机网络技术专业教材，也可以作为"1+X"考证辅导用书和网络设备安装与调试人员的参考用书。

图书在版编目（CIP）数据

网络设备安装与调试 : 华为版 / 朱玉超主编. —北京：电子工业出版社，2024.5

ISBN 978-7-121-47928-1

Ⅰ.①网… Ⅱ.①朱… Ⅲ.①计算机网络—通信设备—设备安装—中等专业学校—教材②计算机网络—通信设备—调试方法—中等专业学校—教材 Ⅳ.①TN915.05

中国国家版本馆 CIP 数据核字（2024）第 102068 号

责任编辑：郑小燕　　文字编辑：戴　新
印　　刷：北京瑞禾彩色印刷有限公司
装　　订：北京瑞禾彩色印刷有限公司
出版发行：电子工业出版社
　　　　　北京市海淀区万寿路 173 信箱　邮编　100036
开　　本：880×1 230　1/16　印张：15　字数：345.6 千字
版　　次：2024 年 5 月第 1 版
印　　次：2025 年 1 月第 2 次印刷
定　　价：49.00 元

凡所购买电子工业出版社图书有缺损问题，请向购买书店调换。若书店售缺，请与本社发行部联系，联系及邮购电话：（010）88254888，88258888。

质量投诉请发邮件至 zlts@phei.com.cn，盗版侵权举报请发邮件至 dbqq@phei.com.cn。

本书咨询联系方式：（010）88254550，zhengxy@phei.com.cn。

PREFACE

党的二十大报告指出，"必须坚持科技是第一生产力、人才是第一资源、创新是第一动力"，培养大国工匠和高技能人才势在必行。为建立健全教育质量保障体系，提高教育质量，教育部颁布了《职业教育专业目录（2021年）》和《中等职业教育专业简介（2022年修订）》电子与信息大类，本书根据最新的专业标准中的相关内容和要求编写而成。

本书采用项目任务式的编写方法，通过34个任务进行实训教学。本书主要特色如下。

1．项目+任务驱动

采用项目+任务驱动的编写方式，以实际网络设备安装与调试任务为基础，引导学生通过完成任务来掌握相关知识和技能。任务驱动的教学方法能够激发学生的学习兴趣，提高其主动探究和解决问题的能力。在每个任务中，以实际网络设备安装与调试为基础，设计相关的操作步骤和思考题，引导学生逐步完成任务并掌握相关知识。同时，任务的设计注重难度递进，使学生能够在完成任务的过程中逐步掌握相关技能，提高其实践能力。

2．实践性强

注重实践操作，涵盖了网络设备安装、配置、调试和故障排除等内容。教材中的实例和实验均与实际工作场景紧密相连，使学生能够通过实践操作深入理解和掌握相关知识。同时，教材还提供丰富的实验指导和案例分析，帮助学生更好地掌握网络设备安装与调试的技能。

3．内容新颖

教材内容紧密结合网络设备行业的发展趋势和最新技术，涵盖了各种新型网络设备和相关技术。教材内容新颖，注重与时俱进，使学生能够了解并掌握前沿的网络设备技术。教材的编写密切关注行业动态和技术发展趋势，引入最新的网络设备技术和标准。同时，提供相关的拓展阅读材料，引导学生了解更多的行业知识和应用案例。

4．资源丰富

教材提供了丰富的配套资源，包括实验指导书、多媒体课件等，为教师教学和学生自学提供了便利，有助于提高教学质量和学习效果，帮助学生更好地掌握网络设备安装与调试的相关知识和技能。

本书由济南电子机械工程学校朱玉超担任主编，山东省教育科学研究院段欣担任主审，齐河县职业中专杨义峰、禹城市职业教育中心学校金盾、济南电子机械工程学校张哲雨担任副主编，中协通通信技术有限公司张柏青工程师参与编写。一些职业学校老师参加了试教和现场操作测试工作，在此表示诚挚的感谢！

在本教材的编写过程中，编者参阅了大量文献，引用了同类书刊中的部分资料。在此，谨向有关作者表示衷心的感谢！由于编者水平有限，本书难免存在不足与疏漏之处，恳请广大读者批评指正。

编　者

2024 年 2 月

CONTENTS

模块 1

•••• 安装与配置调试基础

任务 ① TCP/IP 与网络设备

任务描述

华兴网络集成有限公司（以下简称华兴公司）是一家专注于计算机系统集成、网络安全、智能化信息建设、无线网络、无线视频监控、视频会议、软件研发、产品分销（网络产品、安全设备、服务器及存储、综合布线）等业务为一体的 IT 高新技术企业。现接到 A 公司网络升级改造的项目。

A 公司是员工上千人的生产型企业，有独立厂区，厂区共有信息点 1200 个，共有行政楼、研发楼、车间、员工活动中心等数栋建筑物。因网络未实现厂区全覆盖且设备老化导致网速下降，现委托华兴公司升级公司办公网络。

任务清单

任务清单如表 1-1 所示。

表 1-1　TCP/IP 与网络设备——任务清单

任务目标	【素质目标】 　　在本任务的学习中，融入华为在网络设备方面的市场优势，激发学生的民族自信心和民族自豪感。 【知识目标】 　　了解 TCP/IP 的功能； 　　掌握 TCP/IP 的层次； 　　了解 TCP/IP 每个层次的功能及主要协议； 　　掌握 IP 地址的分类； 　　了解交换机与路由器的主要功能。 【能力目标】 　　能够根据用户需求及网络情况，选择合适的网络设备； 　　能够根据用户需求及网络情况，规划物理节点及 IP 地址

任务重难点	【任务重点】 TCP/IP 的层次； IP 地址的分类； 交换机与路由器的主要功能。 【任务难点】 TCP/IP 每个层次的功能及主要协议； IP 地址的分类
任务内容	1. 网络规划； 2. 网络设备的选择； 3. 物理节点及 IP 地址的分配
所需材料	交换机、路由器等网络设备的实物或图片、视频等教学材料
资源链接	微课、图例、PPT 课件、实训报告单

任务实施

1.1 网络规划的思路与原则

本着实用性和经济性、先进性和成熟性、可靠性和稳定性、安全性和保密性、可扩展性和可管理性的原则，华兴公司从接入层、汇聚层与核心层等不同层次对 A 公司办公网络进行规划。

- 接入层：将网络中直接面向用户连接或访问网络的部分称为接入层。接入层的目的是允许终端用户连接到网络，因此接入层交换机具有低成本和高端口密度特性。高端口密度特性指配置高密度的端口板时每个机柜能够支持的最大端口数量。

- 汇聚层：汇聚层是多台接入层交换机的汇聚点，它处理来自接入层设备的所有通信量，并提供到核心层的上行链路，因此汇聚层交换机与接入层交换机比较，需要更高的性能、更少的端口和更高的交换速率。

- 核心层：核心层是指网络主干部分。核心层的主要目的在于通过高速转发通信，提供优化、可靠的骨干传输结构，因此核心层交换机应拥有更高的可靠性、性能和吞吐量。

华兴网络工程师调研 A 公司后决定在 A 公司网络出口采用电信光纤接入，核心层设备拟采用千兆端口连接下级子网，在各楼主设备间均放置汇聚层三层网络设备，各楼通过接入层网络设备与汇聚层三层网络设备相连，实现千兆干道百兆到桌面。

1.2 网络设备的选择

1. 网络设备简介

（1）路由器。

路由器（Router）是连接各个不同子网、实现全网互通的必要设备。路由器工作于 OSI

参考模型的第三层及网络层。路由器会根据信道的情况自动选择和设定信息传输路径，是以最佳路径，按前后顺序发送信号的设备。目前路由器广泛应用于各行各业，已成为实现各种骨干网内部连接、骨干网之间互联，以及骨干网与互联网互通业务的主力军。当组建局域网时，如果需要连接到外网，则需要使用路由器。本项目的企业局域网因为需要访问Internet，所以在网络出口处应配备路由器。

（2）交换机。

交换机是一个简化、低价、高性能和端口集中的常用网络设备，能基于目标 MAC 地址转发信息，而不是以广义方式传播信息，其有针对性地把数据转发到指定的设备上。交换机工作于 OSI 参考模型的数据链路层，可以智能分析数据包，实现地址的学习、帧的转发和过滤、环路避免等主要功能。

（3）无线 AP。

无线 AP 一般指无线接入点，是一个无线网络的接入点，俗称"热点"。主要有路由交换接入一体设备和纯接入点设备，一体设备执行接入和路由工作，纯接入点设备只负责无线客户端的接入。纯接入点设备通常作为无线网络扩展使用，与其他 AP 或者主 AP 连接，以扩大无线网络覆盖范围。而一体设备一般是无线网络的核心。大多数的无线 AP 都支持多用户接入、数据加密、多速率发送等功能，一些产品更提供了完善的无线网络管理功能。对于家庭、办公室这样的小范围无线局域网而言，一般只需一台无线 AP 设备即可实现所有计算机的无线接入。

（4）集线器。

集线器的英文为"Hub"。"Hub"是"中心"的意思。集线器的主要功能是对接收到的信号进行再生整形放大，以扩大网络的传输范围，同时把所有节点集中在以它为中心的节点上。

（5）防火墙。

防火墙主要是借助硬件和软件的作用，于内部和外部网络的环境间产生一种保护的屏障，从而实现对于计算机不安全的网络因素的阻断。只有在防火墙允许的情况下，用户才能够进入计算机内，如果不允许用户就会被阻挡于外。

防火墙的警报功能十分强大，在外部的用户要进入计算机内时，防火墙就会迅速发出相应的警报，提醒用户的行为，并进行判断以决定是否允许外部的用户进入计算机内部，对不允许的用户行为进行阻断。

通过防火墙还能够对信息数据的流量实施有效查看，并且还能够实时对计算机的内部系统安全情况与每日流量情况进行总结和整理。

2. 核心路由器的选取

依据客户需求及市场调研，华兴公司决定为 A 公司选购华为 NE20E/20 路由器。

NE20E/20 系列路由器是华为自主开发的面向电信运营商和行业客户的高性能路由器，

003

包括 NE20E-8、NE20-8、NE20-4、NE20-2 四款产品，旨在满足企业网汇聚和运营商边缘的电信级高可用性的要求，具有很强的可伸缩性、可配置性，支持多种端口和业务特性。NE20E/20 系列路由器将 MPLS、VPN、QoS、流量工程、组播等技术融合起来。

NE20E/20 系列路由器采用高可靠的模块化设计方式，所有板卡、风扇、电源模块支持热插拔；提供互为冗余备份的双电源（1+1 备份）模块，采用无源背板的设计方式；提供软件热补丁技术，实现设备完全平滑升级；支持动态路由协议、MPLS 流量工程，提供 IP/MPLS 快速重路由、虚拟路由冗余协议（VRRP）等保护机制，有效保证了全网运行的高速可靠。

3. 核心交换机的选取

核心交换机是企业局域网的骨干，重点考虑网络的安全建设，采用的核心设备必须具备完整的安全体系架构。

兼顾性价比与网络安全和稳定的要求，华兴公司决定选购华为 S3700 交换机（主要用于中小型网络）作为 A 公司网络接入层的核心交换机。

Quidway S3700 系列企业网交换机（以下简称 S3700 系列交换机），是华为推出的新一代绿色节能的三层以太网交换机。它基于新一代高性能硬件和华为 VRP（Versatile Routing Platform）软件平台，针对企业用户园区汇聚、接入等多种应用场景，提供简单便利的安装维护手段、灵活的 VLAN 部署和 POE 供电能力、丰富的路由功能和 IPv6 平滑升级能力，并通过融合堆叠、虚拟路由器冗余、快速环网保护等先进技术有效增强网络健壮性，能够助力企业搭建面向未来的 IT 网络。

S3700 系列交换机为盒式产品设备，机箱高度为 1U，包含 S3700-28TP 和 S3700-52P 两大类，提供标准型（SI）和增强型（EI）两种产品版本。标准型支持二层和基本的三层功能，增强型支持复杂的路由协议和丰富的业务特性。

4. 汇聚层交换机的选取

汇聚层的交换机主要选用三层交换机。在网络的设计上体现分布式路由的思想，能有效地进行路由流量的均衡。汇聚层作为本地网络的逻辑核心，突发流量大、控制要求高，应选择性价比高的三层交换机来实施策略部署和接入的汇聚。

兼顾性价比与技术的前瞻性，华兴公司决定选购华为 S7700 智能路由交换机作为汇聚层交换机。

S7700 智能路由交换机（以下简称 S7700）是华为公司面向下一代企业网络架构而推出的新一代高端智能路由交换机。该产品基于华为公司智能多层交换的技术理念，在提供稳定、可靠、安全的高性能 L2/L3 层交换服务的基础上，进一步提供 MPLS VPN、业务流分析、完善的 QoS 策略、可控组播、资源负载均衡、一体化安全等智能业务优化手段，同时具备超强扩展性和可靠性。

S7700 广泛适用于园区网络和数据中心网络，可对无线、话音、视频和数据融合网络进行先进的控制，帮助企业构建交换路由一体化的端到端融合网络。

S7700 产品为满足不同用户的需求，同时提供 S7703、S7703 PoE、eKitEngine S7703S、S7706、S7706 PoE、eKitEngine S7706S、S7710 和 S7712 等产品类型，用户可以根据不同的网络需求进行灵活的选择。

1.3　物理节点与 IP 地址的规划

1. IP 地址概述

（1）IP 地址的功能与结构。

IP 是 TCP/IP 协议簇中最重要的协议之一，我们组建网络必备的 IP 地址，其设置规则就是根据 IP 规则制定的。

Internet 上有很多计算机和网络设备，要想进行信息交换，必须先给它们各自配一个逻辑地址，就如同我们收发快递需要有收件人与发件人地址一样，这个地址称为 Internet 地址，即 IP 地址。IP 地址分为 IPv4 与 IPv6 两个版本，本任务使用 IPv4。

一个 IPv4 地址由一个 32 位二进制数表示，共分为 4 组，每 8 位为一组，每组数字的取值范围为 0～255，相互之间用圆点(.)分隔，表示形式为 XXX.XXX.XXX.XXX，如 192.168.0.100。

这 32 位地址包括两个部分：网络地址和主机地址，如图 1-1 所示。

网络地址	主机地址

图 1-1　IP 地址结构

网络地址指的是主机所处的局域网的地址，也叫网络标识（NetID），用来标识局域网。主机地址也叫主机标识（HostID），是该主机在局域网中的唯一标识。

（2）IP 地址分类。

IP 地址根据网络 ID 的不同分为 5 种类型：A 类 IP 地址、B 类 IP 地址、C 类 IP 地址、D 类 IP 地址和 E 类 IP 地址。每种 IP 地址的网络号与主机号如图 1-2 所示。

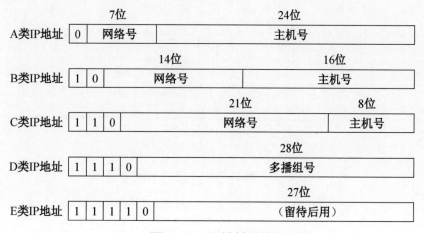

图 1-2　IP 地址分类

正如图 1-2 所示，每种类型的 IP 地址的网络位不同。现对每种类型的 IP 地址产生的原理及作用详加解释。

● A 类 IP 地址

A 类 IP 地址被分配给拥有大量主机的网络。A 类 IP 地址的第一位是固定的"0"，网络位长度只有 7 位，这个较短的网络位将把可接收 A 类 IP 地址的网络数量限制为 126 个。剩余的 24 位可用来表示达 16 777 214 个主机的 ID。每一个 A 类网络都是一个超大规模网络。A 类 IP 地址范围为 1.0.0.0 到 126.255.255.255。

● B 类 IP 地址

B 类 IP 地址被分配给中型和大型网络。B 类 IP 地址前两位固定设置为"10"，用 14 位表示 B 类网络 ID，用 16 位表示主机 ID。可以将 B 类 IP 地址分配给 16 384 个网络，每个网络可以有 65 534 个主机。B 类 IP 地址范围为 128.1.0.0 到 191.254.255.255。

● C 类 IP 地址

C 类 IP 地址被分配给小型网络。C 类 IP 地址的三个高序位固定设置为"110"，前 24 位中剩余的 21 位用于指定特定的网络，后 8 位用于指定特定的主机。可以将 C 类地址分配给 2 097 152 个网络，每个网络可以有 254 个主机。C 类 IP 地址范围为 192.0.1.0 到 223.255.255.255。

● D 类 IP 地址

D 类 IP 地址是为 IPv4 多播地址保留的。D 类 IP 地址的四个高序位固定设置为"1110"。D 类 IP 地址不用于标识网络，主要用于其他特殊的用途，如多目地址的地址广播。D 类 IP 地址的地址范围为 224.0.0.0 到 239.255.255.255。

● E 类 IP 地址

E 类 IP 地址的前 5 位为"11110"，IP 地址范围为 240.0.0.0 到 247.255.255.255。E 类 IP 地址暂时保留，用于某些实验和将来扩展使用。

（3）子网掩码。

子网掩码是与 IP 地址结合使用的一种技术，与 IPv4 一样也用 4 字节的二进制位表示。子网掩码主要有两个作用：第一，用于确定 IP 地址中的网络号和主机号；第二，用于将一个大的 IP 网络划分为若干小的子网络。本任务主要探讨第一个作用。

子网掩码的每一位与 IPv4 的每一位是一一对应关系，IP 地址中网络位的部分所对应的子网掩码位用 1 表示，主机位的部分所对应的子网掩码位用 0 表示。

以 C 类 IP 地址 208.168.1.1 为例，其相对应的子网掩码是 255.255.255.0，转换过程详见表 1-2。

表 1-2　IP 地址与相对应的子网掩码

IPv4 十进制字节	IPv4 二进制字节	所对应的位置	所对应的子网掩码二进制字节	所对应的子网掩码十进制字节
208	11010000	网络号	11111111	255
168	10101000	网络号	11111111	255
1	00000001	网络号	11111111	255
1	00000001	主机号	00000000	0

对于默认的（未划分子网或网络聚合）A、B、C 类 IP 地址来说，每一类的子网掩码都是相同的，A 类 IP 地址子网掩码为 255.0.0.0，B 类 IP 地址子网掩码为 255.255.0.0，C 类 IP 地址子网掩码为 255.255.255.0，如表 1-3 所示。

表 1-3 默认子网掩码

类别	子网掩码（以二进制位表示）	子网掩码（以十进制数表示）
A 类	11111111　00000000　00000000　00000000	255.0.0.0
B 类	11111111　11111111　00000000　00000000	255.255.0.0
C 类	11111111　11111111　11111111　00000000	255.255.255.0

2. TCP/TP

上述的 IP 地址相关知识都是由 IP 规定的，IP 是重要的网络协议之一。这里先解释一下网络协议。简单来说，网络协议就是计算机之间通过网络实现通信时事先达成的一种"约定"，这种"约定"使那些由不同厂商的设备、不同 CPU 及不同操作系统组成的计算机之间，可以实现通信。

协议分很多种，每一种协议都明确规定了它的行为规范：两台计算机必须能够支持相同的协议，并且使用相同的协议进行事务处理，才能实现相互通信。在计算机网络中，两台计算机处在不同的地理位置，这两台计算机上的进程想要相互通信，就需要通过交换信息来协调它们的动作达到同步，而信息的交换必须按照预先共同约定好的规则进行，这个规则就称为网络协议。

互联网中常用的代表性的协议有 IP、TCP、HTTP 等，LAN 中常用的协议有 IPX、SPX 等。"计算机网络体系结构"将这些网络协议进行了系统的归纳，TCP/IP 就是这些协议的集合，也叫作 TCP/IP 协议栈。

在集合这些协议时，将功能相近的协议归为一层。按层次的功能由低到高分为网络端口层、网际层、传输层与应用层。越是低端的协议越接近物理标准，越是高端的协议越接近用户应用，如表 1-4 所示。

表 1-4 TCP/IP 协议栈

TCP/IP 层次	主 要 协 议
应用层	TELNET、FTP、HTTP、DNS、HTTPS……
传输层	TCP、UDP
网际层	ARP、IP、ICMP……
网络端口层	由底层网络定义的各种协议

第一层网络端口层提供 TCP/IP 协议簇的数据结构和实际物理硬件之间的端口。物理层的任务就是为它的上一层提供一个物理连接，以及它的机械、电气、功能和过程特性。链路层的主要功能是如何在不可靠的物理线路上进行数据的可靠传递。

第二层网际层负责数据的包装、寻址和路由。网际层负责在原机器和目标机器之间建立路由。这一层本身没有任何错误检测和修正机制，因此，网际层必须依赖端到端之间的可靠传输服务。

第三层传输层提供两种端到端的通信服务。其中，TCP（传输控制协议）提供可靠的数据流传输服务，UDP（用户数据包协议）提供不可靠的用户数据包传输服务。

第四层应用层的应用协议包括 Finger、Whois、FTP（文件传输协议）、Gopher、HTTP（超文本传输协议）、Telnet（远程终端协议）、SMTP（简单邮件传送协议）、IRC（互联网中继交谈）、NNTP（网络新闻传送协议）等。该层的主要功能是为用户提供各种网络应用与服务。

那么为什么要将协议分层呢？总的来说，将协议分层有以下优点。

第一，易维护与实现。分层结构使得实现、调试和维护一个庞大而复杂的系统变得容易。

第二，灵活性好。任何一层发生变化时，只要层间端口关系保持不变，该层以上或以下各层均不受影响。

第三，结构上可分割。各层都可以采用最合适的技术实现。

第四，能促进标准化工作，每一层的功能及其所提供的服务都已有了明确的说明。

3. 本任务的网络节点与 IP 规划

综上所述，为了提升 A 公司办公网络性能，在每幢建筑物设备间放置一台汇聚层交换机，负责对每个楼层的服务器组划分 VLAN（VLAN 相关知识在后续章节中介绍）。本任务网络节点与 IP 规划详见表 1-5 所示。

表 1-5　A 公司办公网络物理节点与 IP 地址规划表

建　筑　物	所属 VLAN	设备名称或楼层	IP 地址或子网掩码	默　认　网　关
中心机房		路由器外端口	212.15.76.78/29	212.15.76.79
		路由器内端口	172.16.1.253/24	
		核心交换机 1～5 光口	trunk 模式	
		核心交换机 24 电口	172.16.1.254/24	
	VLAN 1	核心交换机 1～4 电口	172.17.1.253/24	
	服务器集群	DHCP 服务器、FTP 服务器、内网 Web 服务器……	172.17.1.1/24-172.17.1.10/24	172.17.1.254
办公楼	VLAN 2	楼层一	192.168.1.0/24	192.168.1.1
	VLAN 3	楼层二	192.168.2.0/24	192.168.2.1
	VLAN 4	楼层三	192.168.3.0/24	192.168.3.1
	VLAN 5	楼层四	192.168.4.0/24	192.168.4.1
研发楼	VLAN 6	楼层一	192.168.5.0/24	192.168.5.1
	VLAN 7	楼层二	192.168.6.0/24	192.168.6.1
	VLAN 8	楼层三	192.168.7.0/24	192.168.7.1
车间	VLAN 9	一车间	192.168.8.0/24	192.168.8.1
	VLAN 10	二车间	192.168.9.0/24	192.168.9.1
	VLAN 11	三车间	192.168.10.0/24	192.168.10.1
	VLAN 12	四车间	192.168.11.0/24	192.168.11.1
员工活动中心	VLAN 13	一楼	192.168.12.0/24	192.168.12.1
	VLAN 14	二楼	192.168.13.0/24	192.168.13.1

任务 ② 设备安装规范与安全操作

任务描述

小明是华兴公司新入职的员工，为了新员工技能的提升，公司决定派小明加入项目组，跟随有经验的工程师一起实施 A 公司网络项目。在任务 1 中，华兴公司已经对 A 公司办公网络做了合理规划，接下来小明跟随项目组为 A 公司安装网络设备。在安装设备前，华兴公司首先对小明进行了安全知识培训。

任务清单

任务清单如表 1-6 所示。

表 1-6　设备安装规范与安全操作——任务清单

任务目标	【素质目标】 在本任务的学习中，融入安全教育，提升学生的安全意识； 在本任务的学习中，渗透操作的规范性，培养学生精益求精的大国工匠精神。 【知识目标】 树立安全防范意识； 掌握安全操作规范； 了解设备的规范安装方法； 掌握网络设备安全操作的方法。 【能力目标】 能够规范安装设备； 能够安全地维护、使用设备
任务重难点	【任务重点】 网络设备的安全操作。 【任务难点】 设备间子系统的工程技术和布线工程验收
任务内容	1. 通用安全规范； 2. 网络设备的规范安装； 3. 网络设备的安全操作
所需材料	交换机、路由器等网络设备的实物或图片、视频等教学材料
资源链接	微课、图例、PPT 课件、实训报告单

1.4 通用安全规范

1. 安全防范意识

参与网络系统建设与运维的人员，要认真学习和贯彻《中华人民共和国安全生产法》，坚持"安全第一，预防为主"的方针，牢固树立"安全重于泰山"的意识，认真学习相关的安全操作知识，遵守相关的安全操作规范，预防和减少工程事故和人身伤亡事故的发生。

2. 安全操作规范

（1）在安装过程中，如发现人身或设备可能受到伤害时，对设备进行操作的人员应立即终止操作，向项目负责人进行报告，并采取行之有效的保护措施。

（2）严禁在雷电、雨、雪、大风等恶劣天气下安装、使用和操作室外设备（包括但不限于搬运设备、安装机柜、安装电源线等）。

（3）安装、操作和维护时严禁佩戴手表、手链、手镯、戒指、项链等易导电物体。

图1-3 安全防护措施

（4）在安装、操作和维护过程中必须使用专用绝缘工具，如佩戴绝缘手套、穿安全服、戴安全帽、穿安全鞋等，如图1-3所示。

（5）必须按照指导书的步骤顺序来进行安装、操作和维护。

（6）接触任何导体表面或端子之前应使用电压表测量接触点的电压，确认无电击危险。

（7）应确保所有槽位均有单板或者假面板在位。防止单板上危险电压和能量裸露在外，保证风道正常，控制电磁干扰，并且防止背板、底板、单板落尘或其他异物。

（8）设备安装完成后，用户应按照指导书要求对设备进行例行检查和维护，及时更换故障部件，以保障设备安全运行。

安装完设备后，应清除设备区域的空包装材料，如纸箱、泡沫、塑料、扎线带等。

（9）如发生火灾，应撤离建筑物或设备区域并按下火警警铃，或者拨打火警电话。任何情况下，严禁再次进入燃烧的建筑物内。

1.5　网络设备的规范安装

1．认识网络机柜

（1）标准 U 机柜。

① 机柜分类。

以安装位置分类：室内机柜和室外机柜。以机柜用途分类：网络机柜、服务器机柜、电源机柜、无源机柜（用来安装 ODF、MDF 等）。以安装方式分类：落地式机柜、壁挂式机柜、抱杆式机柜。图 1-4 为机房机柜的实景图。

图 1-4　机房机柜的实景图

② 机柜结构。

网络机柜的基本结构如图 1-5 所示。

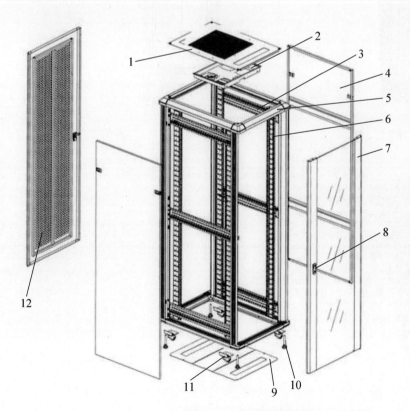

1. 顶盖；
2. 风机；
3. 安装梁；
4. 可拆卸侧门；
5. 铝合金框架；
6. 方孔条；
7. 前门钢化玻璃；
8. 高级旋转锁；
9. 底部；
10. 调整脚；
11. 2'重型脚轮；
12. 通风后门。

图 1-5　网络机柜的基本结构

③ 机柜尺寸标准。

工程级机柜有 19 英寸标准机柜、21 英寸标准机柜和 23 英寸标准机柜，其中 19 英寸标准机柜（简称 19 寸机柜）更为常见。机柜外形有三个常规指标，分别是宽度、高度和深度。

宽度：标准的网络机柜有 600mm 宽和 800mm 宽。高度：一般都是按 nU（n 表示数量）的规格制造，容量值在 2U 到 42U 之间。深度：标准机柜的深度一般为 400～800mm。如图 1-6 所示是标准的 42U 19 寸的 U 机柜。

（2）服务器机柜。

服务器机柜通常是以机架式服务器为标准制作的，有特定的行业标准规格。

服务器机柜一般是安装服务器、UPS 或者显示器等一系列 19 英寸标准设备的专用型机柜，构成一个统一的整体的安装箱。服务器机柜为电子设备的正常工作提供相适应的环境和安全防护能力，如图 1-7 所示。

图 1-6　42U 19 寸的 U 机柜

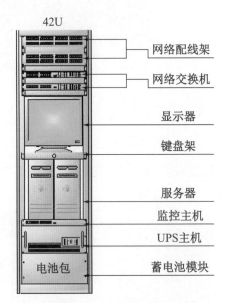

42U
网络配线架
网络交换机
显示器
键盘架
服务器
监控主机
UPS主机
电池包　蓄电池模块

图 1-7　服务器机柜

图 1-8　网络配线机柜

（3）配线机柜。

① 网络配线机柜。

网络配线机柜是为综合布线系统特殊定制的机柜，其特殊点在于增添了布线系统特有的一些附件，如图 1-8 所示。

② 综合配线机柜。

综合配线机柜内可根据需要灵活安装数字配线单元、光纤配线单元、电源分配单元、综合布线单元和其他有源或无源设备及附件等。

③ 双绞线配线机柜。

在网络综合布线工程中最常用的是双绞线配线机

柜，即 RJ-45 标准配线机柜。该配线机柜主要在局端对前端信息点进行管理时使用。

④ 光纤配线机柜。

光纤配线机柜，又分为单元式、抽屉式和模块式光纤配线机柜。光纤配线机柜一般由标识部分、光纤耦合器、光纤固定装置、熔接单元等构成，可方便光纤的跳接、固定和保护，如图 1-9 所示。

（4）壁挂式机柜。

① 数字配线机柜。

图 1-9　光纤配线机柜

数字配线机柜又称高频配线机柜，以系统为单位，有 8 系统、10 系统、16 系统、20 系统等。数字配线机柜在数字通信中越来越有优越性，它能使数字通信设备的数字码流连接成为一个整体，速率为 2Mbit/s～155Mbit/s 的输入/输出信号都可终接在数字配线机柜上，为配线、调线、转接、扩容带来很大的灵活性和方便性，如图 1-10 所示。

② 总配线机柜。

总配线机柜即一侧连接交换机外线，另一侧连接交换机入口和出口的内部电缆布线的配线机柜。英文简写为 MDF，全称为 Main Distribution Frame。总配线机柜的作用是连接普通电缆、传输低频音频信号或 XDSL 信号，并可以测试以上信号，进行过压过流防护从而保护交换机，并通过声光告警通知值班人员，如图 1-11 所示。

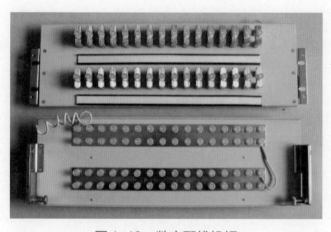

图 1-10　数字配线机柜

图 1-11　总配线机柜

2．认识网络线缆

在通信网络中，首先遇到的就是通信线路和传输问题。通信分为有线通信和无线通信。有线通信中的信号主要是电信号和光信号，负责传输电信号或光信号的各种线缆的总称，就是通信线缆。目前，在通信线路中，常使用的传输介质有双绞线和光纤。

（1）双绞线。

双绞线（Twisted Pair，TP）是综合布线工程中最常用的传输介质，它是由多对每根都具有绝缘保护层的铜导线组成的。

与其他传输介质相比，双绞线在传输距离、信道宽度和数据传输速度等方面的表现不算好，但价格较为低廉。

① 双绞线的分类。

按是否具有屏蔽物分为屏蔽双绞线和非屏蔽双绞线。

- 屏蔽双绞线（Shielded Twisted Pair，STP）：在双绞线与外层绝缘封套之间有一个金属屏蔽层。屏蔽层可减少辐射，防止信息被窃听，也可阻止外部电磁干扰的进入，这使得屏蔽双绞线比同类的非屏蔽双绞线具有更高的传输速率，但成本较高。
- 非屏蔽双绞线（Unshielded Twisted Pair，UTP）：没有金属屏蔽层外套。非屏蔽双绞线电缆成本低、重量轻、易弯曲、易安装，因而得到广泛应用。

按传输电气性能分为五类线、超五类线和六类线。

- 五类线（CAT5）：该类电缆最高频率带宽为 100MHz，最高传输速率为 100Mbit/s，用于语音传输和最高传输速率为 100Mbit/s 的数据传输，主要用于 100BASE-T 和 1000BASE-T 网络，最大网段长为 100m，采用 RJ 形式的连接器。这是最常用的以太网电缆。
- 超五类线（CAT5e）：超五类线具有衰减小、串扰少的特点，并且具有更高的衰减与串扰的比值（ACR）和信噪比（SNR）、更小的时延误差。超五类线主要用于千兆位以太网（1000Mbit/s）。
- 六类线（CAT6）：六类线的传输性能远远高于超五类线，最适用于传输速率高于 1Gbit/s 的应用。六类线与超五类线的主要不同点在于，六类线改善了串扰及回波损耗方面的性能。六类线中有十字骨架。

② 线序标准。

常见的线序有 EIA/TIA 568A 和 EIA/TIA 568B 两种标准。

EIA/TIA 568A 的线序定义依次为：绿白、绿、橙白、蓝、蓝白、橙、棕白、棕。

EIA/TIA 568B 的线序定义依次为：橙白、橙、绿白、蓝、蓝白、绿、棕白、棕。

③ 双绞线的连接方法。

双绞线的连接方法有正常连接和交叉连接，因此分为直连网线和交叉网线。

- 直连网线：网线水晶头两端都是按照 T568B 标准或 T568A 标准制作的。用于不同级设备之间的连接，如交换机连接路由器、交换机连接计算机。
- 交叉网线：网线水晶头一端采用 T568B 标准，另一端采用 T568A 标准。用于相同设备之间的连接，如计算机连接计算机、交换机连接交换机。

目前，通信设备的 RJ-45 端口基本都能自适应，遇到网线不匹配的情况，其可以自动翻转端口的接收和发射功能。所以，当前一般只使用直连网线。

（2）光纤光缆。

① 光纤概述。

光纤是光导纤维的简称，它是一种由玻璃或塑料制成的纤维，可作为光传导介质。实用的光纤是比人的头发丝稍粗的玻璃丝，通信用光纤的外径一般为 125～140μm。

光纤基本结构模型是指光纤层状的构造形式，由纤芯、包层和涂覆层构成，呈同心圆柱形。

光纤采用"光的全反射"原理进行传输。当光线从纤芯 n_1 射向包层 n_2 时，因为 $n_1 > n_2$，所以当入射角大于全反射临界角时，按照几何光学全反射原理，射线在纤芯和包层的交界面会产生全反射，于是把光闭锁在光纤芯内部向前传输，这样就保证光在光纤中一直传输下去，即使经过略微弯曲的路由，光线也不会射出光纤之外。

② 光缆。

光缆是为了满足光学、机械或环境的性能规范而制作的，它利用置于包覆护套中的一根或多根光纤作为传输媒介，是可以单独或成组使用的通信线缆组件。

3. 认识通信系统常用的连接器件

（1）电缆连接器件。

① 网络跳线。

跳线，又称跳接软线。因为跳线一般在配线机柜、理线器、交换机之间使用，路径多是弯曲打扭的，为了方便在复杂路径中能够从容布线而不损坏跳线本身结构，只能使跳线本身变得更柔软，而用多股细铜丝制作而成的跳线柔软度远远大于用单股硬线制成的"硬跳线"。跳线结构主要由跳线线缆导体、水晶头、保护套组成。

② 网络水晶头。

网络水晶头（Registered Jack，RJ），是一种标准化的电信网络端口，是声音和数据传输的端口。之所以把它称为"水晶头"，是因为它的外表看起来晶莹透亮。

网络水晶头有两种：一种是 RJ-45 水晶头，另一种是 RJ-11 水晶头。它们都由 PVC 外壳、弹片、芯片等部分组成。

③ 信息插座。

信息插座多安装在墙面上，也有桌面型和地面型信息插座，主要为了方便计算机等设备的移动，并且保持整体布线的美观。

安装在地面上的信息插座应防水和抗压，安装在墙面或柱子上的信息插座、多用户信息插座及集合点配线箱体的底部离地面的高度宜为 300mm。

信息插座通常由底盒、面板和模块三部分组成。

④ 信息模块。

信息模块按测试性能划分，可分为 CAT5e 超五类信息模块、CAT6 六类信息模块、CAT6A 超六类信息模块。按使用场合可分为非屏蔽 UTP 信息模块、屏蔽 FTP 信息模块。

（2）光缆连接器件。

① 光缆连接器件。

光缆连接器件指的是装置在光缆末端，使两根光缆实现光信号传输的连接器。其目的是使发射光纤输出的光能量能最大限度地耦合到接收光纤中，并使由于其接入光链路而对系统造成的影响减到最小。

② 光纤接头。

光纤接头，将两根光纤永久地或可分离开地连接在一起，并有保护部件的接续部分。光纤接头是光纤的末端装置，是用来连接光纤线缆的物理接头。

常见光纤接头类型有 FC 圆形带螺纹（多用于配线机柜）、ST 卡接式圆形、SC 卡接式方形（多用于路由器交换机）、PC 微球面研磨抛光、APC 呈 8 度角并做微球面研磨抛光、MT-RJ（方形，一头双纤收发一体）等。

接头标注方法：按接头类型/截面工艺标注。如"FC/PC"的含义为接头类型是 FC 圆形带螺纹，接头截面工艺是微球面研磨抛光，接头截面为平的。

③ 光纤跳线。

光纤跳线（又称光纤连接器），为从设备到光纤布线链路的跳接线。应用于光纤通信系统、光纤接入网、光纤数据传输及局域网等一些领域。光纤跳线是在光缆两端都装上连接器插头，来实现光路活动连接，装有插头的一端称为尾纤。缆芯是光纤，缆芯外是一层薄的塑料外套，用来保护封套。

光纤跳线主要分为两种类型：单模光纤跳线，外皮黄色，传输距离比较长；多模光纤跳线，外皮橙色，也有灰色的，传输距离比较短。

④ 光纤信息插座。

光纤信息插座是插光纤接头的，分为面板、底盒、模块三部分。

⑤ 光纤适配器。

光纤适配器，也叫光纤连接器、光纤耦合器、法兰盘，是光纤通信系统中使用最多的光纤元器件，是光纤与光纤之间进行可拆卸（活动）连接的器件。

4. 设备间子系统的工程技术和布线工程验收

设备间子系统是一个集中化设备区，连接系统公共设备及通过垂直干线子系统连接至管理子系统，如局域网（LAN）、主机、建筑自动化和保安系统等。

设备间子系统是大楼中数据、语音垂直主干线缆终接的场所，也是建筑群的线缆进入建筑物终接的场所，更是各种数据语音主机设备及保护设施的安装场所。

（1）设备间子系统的标准要求。

设备间子系统一般设在建筑物中部或在建筑物的一、二层，避免设在顶层或地下室，位置不应远离电梯，并且为以后的扩展留下余地。建筑群的线缆进入建筑物时应有相应的过流、过压保护设施。

在 GB 50311—2007《综合布线系统工程设计规范》国家标准第 6 章的安装工艺要求中，对设备间的设置要求如下：

每幢建筑物内应至少设置 1 个设备间，如果电话交换机与计算机网络设备分别安装在不同的场地，可根据安全需要，也可设置 2 个或 2 个以上的设备间，以满足不同业务的设备安装需要。

如果一个设备间以 10m² 计，大约能安装 5 个 19 英寸的机柜。在机柜中安装电话大对数电缆多对卡接式模块，数据主干缆线配线设备模块，大约能支持总量为 6 000 个信息点所需（其中电话和数据信息点各占 50%）的建筑物配线设备安装空间。

（2）配电要求。

设备间供电由大楼市电提供电源进入设备间专用的配电柜。设备间设置设备专用的 UPS 地板下插座。为了便于维护，在墙面上安装维修插座。其他房间根据设备的数量安装相应的维修插座。

配电柜除了满足设备间设备的供电要求，还应留出一定的余量，以备以后的扩容。

（3）设备间安装防雷器。

对计算机网络中心设备间电源系统采用三级防雷设计。

设备间的防雷非常重要，完善的防雷系统不仅能够保护昂贵和重要的网络汇接交换机和服务器等重要设备，保证网络系统正常运行，也能避免发生人身伤害事件，保护人身安全。

（4）设备间防静电措施。

为了防止静电带来的危害，更好地保护机房设备，更好地利用布线空间，应在中央机房等关键的房间内安装高架防静电地板。

（5）走线通道敷设安装施工。

设备间内各种桥架、管道等走线通道敷设应符合以下要求：

第一，横平竖直，水平走向左右偏差应不大于 10mm，高低偏差应不大于 5mm；

第二，走线通道与其他管道共架安装时，走线通道应布置在管架的一侧；

第三，走线通道内缆线垂直敷设时，在缆线的上端和每间隔 1.5m 处应固定在通道的支架上；水平敷设时，在缆线的首、尾、转弯及每间隔 3~5m 处进行固定；

第四，布放在电缆桥架上的线缆要绑扎，外观平直整齐，线扣间距均匀，松紧适度；

第五，要求将交、直流电源线和信号线分架走线，或者金属线槽使用金属板隔开，在保证线缆间距的情况下，可以同槽敷设；

第六，缆线应顺直，不宜交叉，在缆线转弯处应绑扎固定。缆线在机柜内布放时不宜绷紧，应留有适量余量。绑扎线扣间距均匀，力度适宜，布放顺直、整齐，不应交叉缠绕；

第七，6A 类 UTP 网线敷设通道填充率不应超过 40%。

（6）布线通道安装。

在天花板安装桥架时采取吊装方式，通过槽钢支架或者钢筋吊竿，再结合水平托架和 M6 螺栓将桥架固定，吊装于机柜上方，将相应的缆线布放到机柜中，通过机柜中的理线器等对其进行绑扎、整理归位。

1.6 网络设备安全操作

1. 电气安全

（1）接地要求。

接地前，应确保保护地已按照当地建筑物配电规范要求可靠接地。

需接地的设备在安装时，必须首先安装永久连接的保护地线；在拆除设备时，必须最后拆除保护地线。

对于使用三芯插座的设备，必须确保三芯插座中的接地端子与保护地连接。

（2）交、直流操作要求。

电源系统的供电电压为危险电压，直接接触或通过潮湿物体间接接触可能会带来电击危险。不规范、不正确的操作，可能会引起火灾或电击等意外事故。交、直流操作要求包括：

第一，设备前级应有匹配过流保护装置，安装设备前请确认规格是否匹配；

第二，若设备的电源输入为永久连接，则应在设备外部装上易于接触到的断开装置；

第三，交流电源供电设备，适用于 TN、TT 电源系统；

第四，直流电源系统供电设备，需确保直流电源与交流电源之间做了加强绝缘或双重绝缘的隔离；

第五，设备电气连接之前，如可能碰到带电部件，必须断开设备前级对应的分断装置；

第六，连接负载（用电设备）线缆或电池线缆之前，必须确认输入电压值在设备额定电压范围内，必须确认线缆和端子的极性，以防反接；

第七，接通电源之前，必须确保设备已进行正确的电气连接；

第八，若设备有多路输入，应断开设备所有输入才可对设备进行操作。

（3）布线要求。

在进行电源线现场布线的情况下，除接线部分外，其他位置的电源线绝缘皮不可割破，否则存在短路危险，引起人身伤害或火灾等事故。

在高温环境下使用线缆可能造成绝缘层老化、破损，线缆与功率铜排、分流器、熔丝、散热片等发热器件之间应保持足够距离。

信号线与大电流线或高压线应分开绑扎。

用户自备线缆应符合当地电缆法规要求。

机柜内出风口位置不允许有线缆经过。

如电缆的储存环境温度在零度以下，在进行敷设布放操作前，必须将电缆移至室温环境下储存 24 小时以上。

（4）电气安全——防静电要求。

为防止人体静电损坏敏感元器件，在接触电路板之前，必须佩戴防静电手套或者防静电腕带，并将防静电腕带的另一端良好接地。

手持单板时，必须持单板边缘不含元器件的部位，严禁用手触摸芯片。

拆卸下来的单板，必须用防静电包材进行包装后储存或运输。

2．电池安全基本要求

（1）不应将电池暴露在高温环境或发热设备的周围，电池过热可能引起爆炸。

（2）不应拆解或改装电池、插入异物或浸入水或其他液体中，以免引起电池漏液、过热、起火或爆炸。

（3）在安装、维护等操作前，应佩戴护目镜、橡胶手套，穿防护服，预防电解液外溢所造成的危害。如电池漏液，请勿使皮肤或眼睛接触到漏出的液体，若接触到皮肤或眼睛，应立即用清水冲洗，并到医院进行医疗处理。

（4）在搬运电池的过程中，应按照电池要求的方向搬运，严禁倒置、倾斜。

（5）在进行安装、维护等操作时，电池回路应保持断开状态。

（6）若电池在使用、充电或保存过程中有变色、变形、异常发热等异常现象，应停止使用并更换新电池。

（7）根据电池资料里给出的力矩拧紧电池线缆或铜排，若电池螺栓虚连将导致连接压降过大，甚至在电流较大时大量发热会将蓄电池烧毁。

（8）若本设备配有不可拆卸的内置电池，不应自行更换电池，以免损坏电池或设备。电池只能由授权服务中心更换。

（9）不应把电池扔到火里，否则会导致电池起火和爆炸。

任务 3　华为模拟器（eNSP）的使用

任务描述

在任务 2 中，小明跟随项目组工程师为 A 公司安装了网络设备，接下来需要配置相关设备。为了更好地完成任务，小明决定使用华为 eNSP 来练习，以提升技术熟练程度。

华为模拟器（eNSP, enterprise Network Simulation Platform）是华为官方推出的一款强大的图形化网络仿真工具平台，eNSP 主要对路由器、交换机、WLAN 等设备进行软件仿真，从而得以完美地呈现真实设备部署实景，并且支持大型网络模拟，让广大初学者有机会在没有真实设备的情况下也能够开展实验测试，学习网络技术。

在本任务中，小明通过华为 eNSP 搭建星型结构的局域网拓扑图来熟悉模拟器的使用。

任务清单

任务清单如表 1-7 所示。

表 1-7　华为模拟器（eNSP）的使用——任务清单

任务目标	【素质目标】 在本任务的学习中，渗透操作的规范性，培养学生精益求精的大国工匠精神。 【知识目标】 认识 eNSP 的主界面； 掌握 eNSP 工具栏常用工具的使用； 掌握通过 eNSP 搭建拓扑图的方法。 【能力目标】 能够根据真实的网络环境，选用正确的拓扑结构，使用 eNSP 搭建拓扑图
任务重难点	【任务重点】 使用 eNSP 搭建拓扑图的方法。 【任务难点】 创建拓扑图时线缆类型的选择
任务内容	1. 认识 eNSP 的主界面； 2. 认识 eNSP 工具栏常用工具； 3. 使用 eNSP 搭建拓扑图
所需材料	每人一台装有华为 eNSP 的计算机
资源链接	微课、图例、PPT 课件、实训报告单

任务实施

1.7　认识华为 eNSP

1. 认识 eNSP 主界面

在 eNSP 的主界面中，有一个主菜单，该主菜单包含"文件""编辑""视图""工具""考试""帮助"等菜单，界面的中心空白区域为工作区，用于新建和显示拓扑图。工作区的左侧为网络设备区，提供设备和网线。工作区的右侧为设备端口区，显示拓扑图中的设备和设备已连接的端口，清晰明了，如图 1-12 所示。

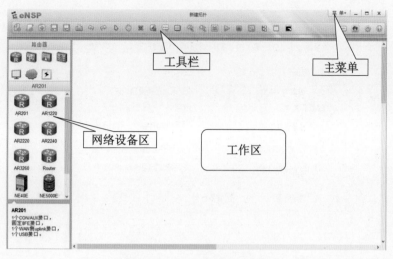

图1-12　eNSP主界面

在图1-12中,工作区是创建拓扑结构的区域,可以将网络设备区的设备图标拖曳至此,选择合适的线路连接,搭建拓扑结构。

2. 认识 eNSP 主菜单

主菜单包含"文件""编辑""视图""工具""考试""帮助"等菜单,如图1-13所示。

"文件"菜单:用于拓扑图的打开、新建、保存、打印等操作。

"编辑"菜单:用于撤销、恢复、复制、粘贴等操作。

"视图"菜单:用于对拓扑图进行缩放和控制工具栏的显示。

"工具"菜单:用于打开调色板工具、添加图形、启动或停止设备、进行数据抓包和各选项的设置。

图1-13　eNSP主菜单

"考试"菜单:用于用户进行 eNSP 的自动阅卷。

"帮助"菜单:用于查看帮助文档、检测是否有可用更新、查看软件版本和版权信息。

在"工具"菜单中选择"选项"命令,在弹出的"选项"对话框中设置软件的参数,如图1-14所示。

在"界面设置"选项卡中可以设置拓扑结构中的元素的显示效果。

在"CLI 设置"选项卡中设置命令行中信息的保存方式。当选中"记录日志"选项时,设置命令行的显示行数和保存位置。当命令行中的内容超过"显示行数"中的设置值时,系统将超过行数的内容自动保存到"保存路径"中指定的位置。

在"字体设置"选项卡中可以设置命令行界面和拓扑描述框的字体、文字颜色、背景色等参数。

在"服务器设置"选项卡中可以设置服务器参数。

在"工具设置"选项卡中可以指定"引用工具"的具体路径。

图 1-14　"选项"对话框

3. 认识 eNSP 工具栏

工具栏提供了常用的工具，常用工具及功能如表 1-8 所示。

表 1-8　常用工具及功能

工　具	功　能	工　具	功　能
	新建拓扑结构		新建试卷工具
	打开已有拓扑结构		保存拓扑结构
	另存文件		打印拓扑结构
	撤销上次操作		恢复上次操作
	删除对象		删除所有连线
	放大		缩小
	启动设备		停止设备

1.8　通过 eNSP 创建星型小型局域网的拓扑图

在本任务中，使用交换机作为中心设备，用两台计算机代表多台计算机，如图 1-15 所示。

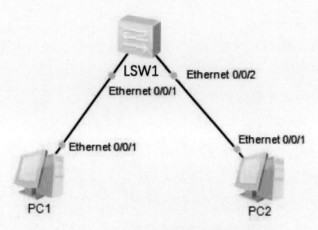

图 1-15　星型小型局域网拓扑图

步骤 1　在网络设备区选择两台 PC 并将图标拖曳至工作区，如图 1-16 所示。

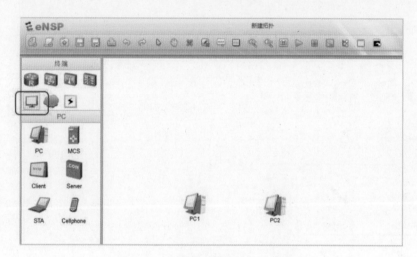

图 1-16　选择并拖曳 PC 图标

步骤 2　在网络设备区选择交换机并拖曳图标至工作区，本任务选用 S3700 型号交换机，如图 1-17 所示。

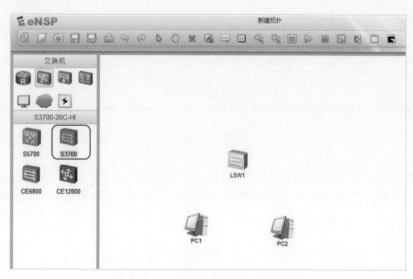

图 1-17　选择并拖曳交换机图标

步骤3 连接 PC 与交换机。

eNSP 中有下列类型的网线。

（1）Auto：自动识别端口卡，选择相应的缆线。

（2）Copper：双绞线，连接设备的以太网端口。

（3）Serial：串口线，连接设备的串口。

（4）POS：POS 连接线，连接路由器的 POS 口。

（5）E1：E1 口连接线，连接路由器的 E1 口。

（6）ATM：ATM 口连接线，连接路由器的 4G SHDSL 口。

在这里我们可以选择 Copper 或 Auto 类型的网线，如图 1-18 所示。下面以 Copper 网线为例进行讲解。

在连线时可以发现，交换机（路由器也一样）有两种型号的端口，即 GE 和 Ethernet，如图 1-19 所示。

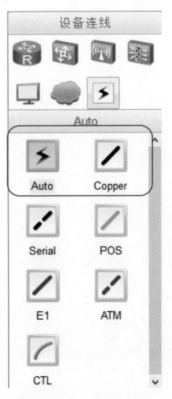

图 1-18　线缆的选择

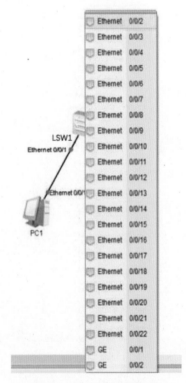

图 1-19　设备的端口

GE（Gigabit Ethernet）是千兆位以太网端口，其传输速率可达到 1Gbit/s，而 Ethernet（Eth）是以太网端口，其传输速率最高可达到 100Mbit/s。在连接交换机和路由器时，由于路由器需要处理更多的数据流量，因此使用 GE 端口可以更好地满足数据传输的需求，这样可以提高网络传输速度和效率。

除此之外，还需要注意以下几点。

（1）网络设备的端口类型应该匹配，否则会出现连接不上或者传输速率受限的情况。

（2）在选择 GE 端口时，需要考虑设备的兼容性，确保设备支持 GE 端口。

（3）路由器和交换机的连接方式也需要根据实际情况进行选择，可以选择直连或者通过中继设备连接。

在连接交换机和路由器时，还需要注意设备的兼容性和连接方式。

交换机与路由器端口命名的规则为："端口类型（GE 或 Ethernet）插槽编号/模块编号/端口编号"。插槽与模块的编号从 0 开始，端口的编号从 1 开始。

步骤 4　启动设备。单击工具栏上绿色三角箭头，启动过程如图 1-20 所示。

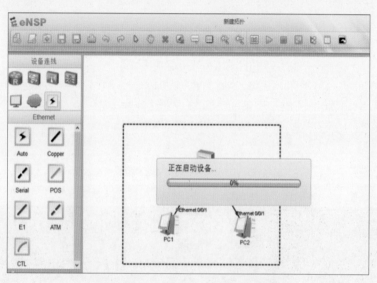

图 1-20　eNSP 中设备的启动

启动后会发现，线路上所有端口标识变为绿色，这说明启动成功了。

步骤 5　配置 IP 地址。本任务由于是建立小型局域网，所以采用 C 类网段，拟用 192.168.0.0/24 网段。网关地址拟设为 192.168.0.1，两台计算机的地址分别为 192.168.0.2/24 和 192.168.0.3/24，如图 1-21、图 1-22 所示。

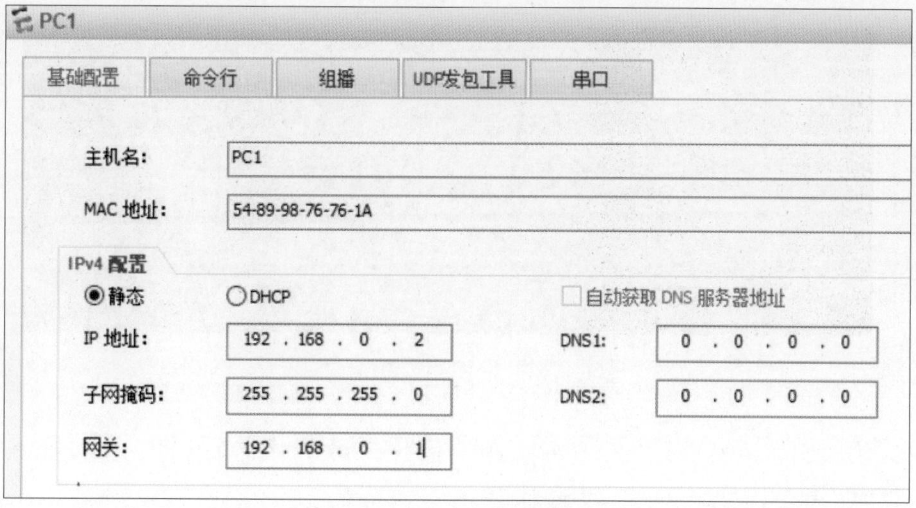

图 1-21　PC1 的配置

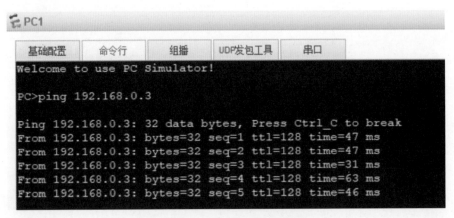

图 1-22 PC2 的配置

步骤 6 测试连通性。执行 ping 命令，若两台计算机能够互通，则说明局域网搭建成功，如图 1-23、图 1-24 所示。

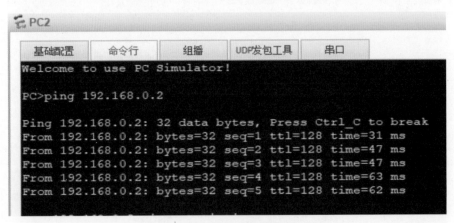

图 1-23 PC1 连通性测试

图 1-24 PC2 连通性测试

至此，以交换机为中心的星型结构局域网搭建完成。作为任务的扩展，还可以搭建路由器，将内端口设置为网关，拓扑结构如图 1-25 所示。

网络设备安装与调试（华为版）

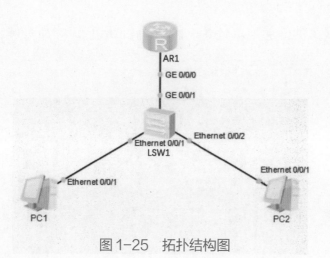

图 1-25　拓扑结构图

下面是设置网关的步骤。

步骤 7　在网络设备区选择路由器并拖曳图标至工作区,本任务选用 AR1220 型号路由器。

步骤 8　连接交换机与路由器,在此我们可以选择 E1 或 Auto 线缆。

步骤 9　配置路由器网关。路由器与交换机相连接的端口 GE 0/0/0 为本局域网的网关端口。如图 1-26 所示,网关端口已用方框标注。

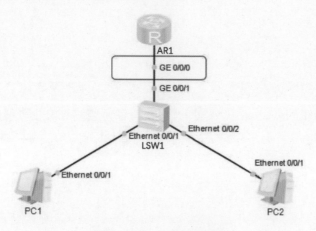

图 1-26　网关示意图

网关的具体配置方法与步骤将在后续路由器模块详细介绍,这里仅展示基本命令,如图 1-27 所示。

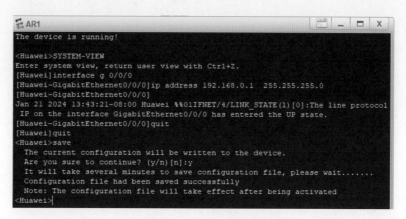

```
The device is running!

<Huawei>SYSTEM-VIEW
Enter system view, return user view with Ctrl+Z.
[Huawei]interface g 0/0/0
[Huawei-GigabitEthernet0/0/0]ip address 192.168.0.1  255.255.255.0
[Huawei-GigabitEthernet0/0/0]
Jan 21 2024 13:43:21-08:00 Huawei %%01IFNET/4/LINK_STATE(1)[0]:The line protocol
 IP on the interface GigabitEthernet0/0/0 has entered the UP state.
[Huawei-GigabitEthernet0/0/0]quit
[Huawei]quit
<Huawei>save
 The current configuration will be written to the device.
 Are you sure to continue? (y/n)[n]:y
 It will take several minutes to save configuration file, please wait.......
 Configuration file had been saved successfully
 Note: The configuration file will take effect after being activated
<Huawei>
```

图 1-27　网关配置的命令

步骤 10　测试网关的连通性。任选一台计算机通过 ping 命令测试，如图 1-28 所示。

图 1-28　网关连通性测试

至此，任务完成。

任务 ④　设备的管理方式

任务描述

经过紧张的工期，华兴公司完成了对 A 公司网络的升级改造，验收后交付使用。在使用中涉及设备的管理问题，华兴公司的网络工程师与 A 公司的网络管理员共同制定了设备的管理方式与方案。

任务清单

任务清单如表 1-9 所示。

表 1-9　设备的管理方式——任务清单

任务目标	【素质目标】 在本任务的学习中，渗透操作的规范性，培养学生精益求精的大国工匠精神。 【知识目标】 了解设备技术档案； 了解机房管理制度涉及的管理要点； 掌握 4 种设备的登录管理方式。 【能力目标】 能够根据实际情况，选择合理的设备登录方式
任务重难点	【任务重点】 设备的登录管理方式。 【任务难点】 中心机房（含设备间）的管理

网络设备安装与调试（华为版）

任务内容	1. 设备技术档案； 2. 机房管理制度； 3. 设备登录管理方式
所需材料	每人一台装有华为 eNSP 模拟器的计算机
资源链接	微课、图例、PPT 课件、实训报告单

任务实施

1.9　设备的日常管理与维护

1. 完善设备技术档案

网络运维部门要掌握与完善全部的设备技术档案。设备技术档案内容如下。

（1）目录。

（2）安装使用说明书。

（3）设备履历卡片，内容包括设备编号、名称、主要规格、安装地点、设备变动记录等。

（4）设备检修、试验与鉴定记录。

（5）历年设备缺陷及设备事故记录。

技术档案必须齐全、整洁、规格化，及时整理填写。

2. 完善中心机房（含设备间）的管理制度

（1）机房各区域内的温度、湿度、空气洁净度等环境条件应符合要求，确保机房各区域良好的工作环境，保证设备的正常运行，并采取相应的节能措施。室温湿度标准为温度 23±2℃；湿度 40%~70%，机房设备不得结露。

（2）机房各区域内应清洁、少尘，无悬浮颗粒物，无积水，无异味。

（3）定期完成机房环境清洁工作，保持地面干爽、整洁、卫生，门、窗、玻璃保持明亮干净，门牌和标签标识清楚，墙面干净无污迹，贴挂整齐，没有杂物。

（4）机房内不得有食物存放，采取措施严防鼠害、蚁害等。

（5）物品如清洁用具、安全用具、记录资料、仪表工具、门禁卡、设备钥匙等应摆放在指定位置，标识清楚，整洁有序。配电柜、箱内外要保持干净整洁、无蜘蛛网和杂物。闸刀必须使用额定熔断器，禁止使用铜、铁、铝丝等代替。

（6）任何人不得擅自变动机房各区域现有环境及设备设施。

（7）机房禁止带入易燃、易爆和危险物品，不得在机房内、走廊、通道和窗口附近堆放杂物，消防通道、紧急疏散通道应确保畅通。

（8）机房禁止使用各种炉具和电热器具等大负荷用电设备，严格执行有关明火管理的制度要求。

029

（9）机房各区域实施 7×24 小时实时监控，监控录像最短保存三个月，并能随时调阅。

（10）机房各区域应实施严格的门禁管理措施，未经授权不得进入，门禁系统的出入记录应最少保存一年，超出一年的需要下载保存。

3. 建立定期检查制度

对机房空调、供电、消防、监控、防磁、防雷、防静电、防水、防盗、防鼠及门禁等相关设施进行检查、维护。对核心设备定期检查，并做好记录。

4. 设备的登录管理方法

（1）Console 端口概述。

主控板提供一个 Console 端口（端口类型为 EIA/TIA-232 DCE）。通过将用户终端的串行端口与设备 Console 端口直接连接，登录设备，实现对设备的本地配置。该方式仅限于本地登录，通常在以下 3 种场景中应用。

第一，第一次配置设备时。

第二，当用户无法远程登录时，可通过 Console 端口本地登录。

第三，当设备无法启动时，可通过 Console 端口进入 BootLoader 系统进行诊断或系统升级。BootLoader 系统是在操作系统内核运行之前运行的一段小程序。通过这段小程序，我们可以进行初始化硬件设备等操作，从而将系统的软硬件环境带到一个合适的状态。

（2）Telnet 概述。

Telnet 协议在 TCP/IP 协议簇中属于应用层协议，通过网络提供远程登录和虚拟终端功能。以服务器/客户端（Server/Client）模式工作，Telnet 客户端向 Telnet 服务器发起请求，Telnet 服务器提供 Telnet 服务。设备支持 Telnet 客户端和 Telnet 服务器功能。

（3）STelnet 概述。

在 Telnet 传输过程中采用 TCP 进行明文传输，缺少安全的认证方式，容易招致 DoS（Denial of Service）、主机 IP 地址欺骗和路由欺骗等恶意攻击，存在很大的安全隐患。

相对于 Telnet，STelnet 基于 SSH2 协议，客户端和服务器之间经过协商，建立安全连接。客户端可以像操作 Telnet 一样登录服务器。

（4）Web 网管概述。

为了方便用户对设备的维护和使用，华为公司特推出 Web 网管功能。设备内置一个 Web 服务器，与设备相连的终端可以通过 Web 浏览器访问设备。

Web 网管的运行环境如图 1-29 所示，可以通过 HTTP 或 HTTPS 从终端登录至设备，实现通过图形化界面对设备进行管理和维护。Web 登录网址为 https://IP。登录成功后，通过 SSL 对数据进行加密，这样安全性更高。

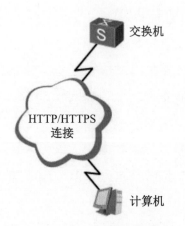

图 1-29　Web 网管示意图

任务 ⑤ VRP 及命令行的操作

任务描述

小明入职华兴公司以来表现优异，为了进一步提升实际动手能力，项目经理安排他在实验室环境下熟悉 VRP 及 CLI，为后期从事现场运维奠定坚实的基础。小明用一台路由器和一台交换机搭建一个简单的小型网络，如图 1-30 所示。

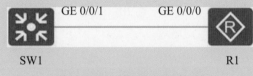

图1-30　任务5拓扑图

任务清单

任务清单如表 1-10 所示。

表 1-10　VRP 及命令行的操作——任务清单

任务目标	【素质目标】 在本任务的学习中，渗透操作的规范性，培养学生精益求精的大国工匠精神。 【知识目标】 掌握 VRP 系统的不同视图及视图间切换方法； 掌握配置系统名称的方法； 了解查看版本号的方法； 掌握为网络设备配置 IP 地址的方法； 了解获取在线帮助的方法； 掌握设置系统时区、日期、时间的方法； 掌握通过 undo 命令恢复默认设置的方法。 【能力目标】 能对交换机及路由器等网络设备进行系统时区、时间、日期，以及设备名、IP 地址等基本设置； 能在配置设备时获取在线帮助； 能通过 undo 命令恢复默认设置
任务重难点	【任务重点】 设备的基本配置命令与方法； 系统视图间的切换方法。 【任务难点】 获取在线帮助
任务内容	设备的基本配置命令与方法
所需材料	每人一台装有华为 eNSP 的计算机
资源链接	微课、图例、PPT 课件、实训报告单

1.10 熟悉华为系统 VRP 及 CLI

步骤1 了解 VRP。

VRP（Versatile Routing Platform）即通用路由平台，是华为在通信领域多年的研究经验结晶，是华为所有基于 IP/ATM 构架的数据通信产品操作系统平台。运行 VRP 操作系统的华为产品包括路由器、局域网交换机、ATM 交换机、拨号访问服务器、IP 电话网关、电信级综合业务接入平台、智能业务选择网关，以及专用硬件防火墙等。

在操作之前，先了解一下命令行的编辑功能。命令行端口提供了基本的命令行编辑功能，如表 1-11 所示。

表 1-11　命令行编辑功能

按　　键	功　　能
普通按键	若编辑缓冲区未满，则插入当前光标位置，并向右移动光标，否则，响铃告警
退格键 Backspace	删除光标位置的前一个字符，光标左移，若已经到达命令首，则响铃告警
左光标键←或 Ctrl+B	光标向左移动一个字符位置，若已经到达命令首，则响铃告警
右光标键→或 Ctrl+F	光标向右移动一个字符位置，若已经到达命令尾，则响铃告警
Ctrl+A	将光标移动到当前行的开头
Ctrl+E	将光标移动到当前行的末尾

在编辑命令时，可以借助快捷键提高效率，常见系统快捷键如表 1-12 所示。

表 1-12　常见系统快捷键

快　捷　键	功　　能
Ctrl+A	将光标移动到当前行的开头
Ctrl+B	将光标向左移动一个字符位置
Ctrl+C	停止当前正在执行的功能
Ctrl+D	删除当前光标所在位置的字符
Ctrl+E	将光标移动到最后一行的末尾
Ctrl+F	将光标向右移动一个字符位置
Ctrl+H	删除光标左侧的一个字符
Ctrl+W	删除光标左侧的一个字符串（字）
Ctrl+X	删除光标左侧所有的字符
Ctrl+Y	删除光标所在位置及其右侧所有的字符
Ctrl+K	在连接建立阶段终止呼出的连接
Ctrl+T	输入问号（?）
Ctrl+Z	返回到用户视图
Ctrl+】	终止呼入的连接或重定向连接
Esc+B	将光标向左移动一个字符串（字）位置
Esc+D	删除光标右侧的一个字符串（字）
Esc+F	将光标向右移动一个字符串（字）位置

步骤 2 熟悉视图切换及配置设备名称的方法。

（1）从路由器的用户视图进入系统视图，配置设备名称为 R1：

```
<Huawei>system-view   //进入系统后，默认的视图是用户视图，system-view为进
入系统视图的命令
[Huawei]sysname R1    //进入系统视图后，发现视图提示符由<>变为[]
[R1]                  //设备名由Huawei变为R1
```

（2）操作完成后，切换回用户视图：

```
[R1]quit              //返回上一级视图
<R1>                  //返回用户视图后视图提示符变回<>
```

或

```
[R1]return            //直接返回用户视图
<R1>
```

（3）从交换机的用户视图进入系统视图，配置设备名称为 SW1：

```
<Huawei>system-view
 [Huawei]sysname SW1
 [SW1]
```

在本任务中，对设备更名需要先使用 system-view 命令从用户视图进入系统视图。在后续的学习中，我们会根据具体情况进入不同的视图，但都要先从用户视图进入系统视图，再进入具体相应的视图，如图 1-31 所示。

033

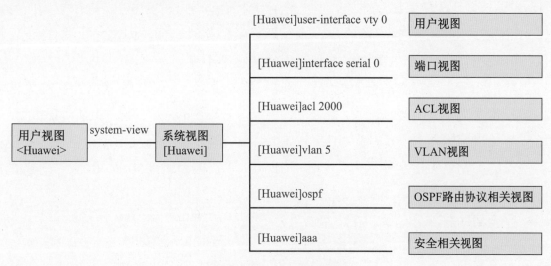

图 1-31　VRP 的视图

在以上操作中，我们接触到两个返回命令：quit 和 return。它们的区别在于，quit 命令返回上一层视图，而 return 命令直接返回到最初的用户视图，如表 1-13 所示。

表 1-13　切换视图的命令

操　作	命　令
从用户视图进入系统视图	system-view
从系统视图返回到用户视图	quit
从任意的非用户视图返回到用户视图	return 或<Ctrl+Z>

步骤 3 查看设备版本号。

版本号用一个小数来表示，整数部分表示主版本号，小数点后第一位表示次版本号，小数点后第 3、4 位表示修订版本号。

例如，某设备核心版本为 VRP5.120，则表示主版本号为 5、次版本号为 1、修订版本号为 20。

VRP 除基础版本外，还有发行版本。发行版本即针对具体产品系列的 VRP 版本。发行版本是用 V、R、C 三个字母（表示三种不同的版本号）进行标识的，基本格式为"VxxxRxxxCxx"。

- V 版本号：软件或者硬件平台版本，从 100 开始，以 100 为单位递增编号。
- R 版本号：面向所有用户发布的通用版本，从 001 开始，以 1 为单位递增编号。
- C 版本号：针对不同用户需求发布的用户化版本。

查看并记录 R1 的版本：

```
[R1]display version
```

查看并记录 SW1 的版本：

```
[SW1]display version
```

步骤 4 熟悉并使用在线帮助。

（1）Tab 键的使用。

输入不完整的关键字后按下 Tab 键，系统会自动补全关键字，具体如下：

① 如果与之匹配的关键字唯一，则补全且光标距词尾 1 个空格；

② 如果与之匹配的关键字不唯一，则循环显示，此时光标与词尾之间没有空格；

③ 如果没有与之匹配的关键字，则输入的关键字不变。

在当前视图下，当输入的字符能够匹配唯一的关键字时，可以不输入完整的关键字。

例如，用户需要查看当前配置，完整的命令是"display current-configuration"，正确的不完整关键字输入为"d cu""di cu""dis cu"等，命令行会自动补全命令，以提升效率。错误的不完整关键字输入为"d c""dis c"等，因为以"d c""dis c"开头的命令不唯一。

（2）完全帮助与部分帮助。在路由器上熟悉完全帮助和部分帮助，如图 1-32 所示。

① 使用 display 命令可以查看所有命令：

```
[R1]display ?
```

② 显示用户视图下可以使用的所有命令：

```
<R1>?
```

③ 部分帮助。

在用户视图下，显示所有以"d"开头的命令：

```
<R1>d?
```

通过 display 命令可以查看所有以"i"开头的命令：

```
<R1>display i?
```

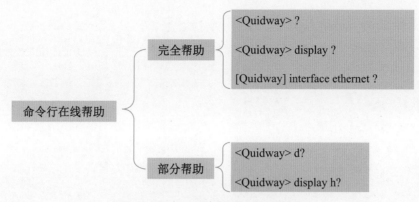

图1-32 完全帮助与部分帮助

步骤5 使用命令行查看当前视图下的配置。

（1）查看全局系统视图下的配置：

```
[SW1]dis th
```

（2）查看某端口视图下的配置：

```
[SW1]int g0/0/1
[SW1-GigabitEthernet0/0/1]dis th #
interface GigabitEthernet0/0/1 #
```

（3）查看aaa视图下的配置：

```
[SW1-aaa]dis th #
aaa
authentication-scheme default authorization-scheme default
accounting-scheme default domain default
domain default_admin
local-user admin password simple admin local-user admin service-type
http
#return
```

步骤6 设置系统的时区、日期与时间。

（1）设置时区，名为BeiJing，时区为东8区：

```
<R1>clock timezone BeiJing minus 8:00:00  //此处东 12 时区用 minus,
```
表示时间比 UTC 时间早；西 12 时区用 add，表示时间比 UTC 时间迟

（2）设置当前日期和时间（将步骤1显示时间推迟一小时）：

```
<R1>clock datetime 11:31:25 2020-4-25
```

步骤7 配置IP地址。

（1）配置路由器IP地址：

```
<R1>system-view
[R1]interface GigabitEthernet0/0/0
[R1-GigabitEthernet0/0/0]ip address 12.0.0.1 24
```

（2）配置交换机IP地址：

```
<SW1>system-view [SW1]interface vlan1
[SW1-Vlanif1]ip add 12.0.0.2 24
```

步骤 8 使用 undo 命令行。

使用 undo 命令行时，直接在其他命令行前加 undo 关键字，undo 命令行通常用于以下几种情况。

（1）恢复默认设置：

```
<Huawei>system-view                    //进入系统视图
[Huawei]sysname Server                 //设置设备名称为Server
[Server]undo sysname                   //恢复设备默认名称为Huawei
[Huawei]
```

（2）禁用某个功能：

```
<Huawei>system-view                              //进入系统视图
[Huawei]undo stp enable
```

（3）删除某些配置：

```
<Huawei>system-view                              //进入系统视图
[Huawei]interface GigabitEthernet0/0/0           //进入端口视图
[Huawei-GigabitEthernet0/0/0]ip address 10.1.1.1 255.255.255.0
                                                 //配置端口IP地址
[Huawei-GigabitEthernet0/0/0]undo ip address    //删除端口IP地址
```

思考与实训

一、填空题

1. 进行长距离连接时，应选择使用_____网络布线方式。

2. 最常见的传输介质有_____、_____、_____。

3. 根据信息的传输方向，数据线路的通信方式有_____、_____、_____三种。

4. TCP/IP 网络层最重要的协议是_____，它可为每个接入互联网的终端定义地址。

5. TCP/IP 层次模型的第三层包括的协议主要有_____和_____。

6. 文件传输协议是_____。

7. 在 TCP/IP 网络中，TCP 工作在_____，FTP 工作在_____。

8. 目前以太网最常用的传输介质是_____。

9. RJ-45 端口的接线标准是_____。

10. 双绞线主要用于_____连接，一般不用于多点连接。

11. 光纤是_____的简称，由直径大约为 0.1mm 的_____构成。

12. 按照光在光纤中的传播方式，光纤可以分为_____和_____两种类型。

13. 网卡属于 OSI 参考模型中的_____层设备。

14. 当对网络传输速度要求较高时，应选择_____网络布线材料。

15. TCP/IP 有_____层。

二、上机实训

请根据 B 公司以下环境要求，完成第 1~5 题。

（1）建筑物为两层楼。

（2）每层楼有 5 个办公室，每个办公室有 10 个工作人员。

（3）每个工作人员都有一台计算机。

（4）两层楼之间需要连接一个服务器室。

题目：

1．设计一个适合的网络布线方案。

2．根据该网络布线方案，请给出所需的网络布线材料清单。

3．公司要求每个办公室为独立的局域网，为 B 公司设计网络设备节点方案并给出采购清单。

4．假设公司从通信运营商处获取的接入 IP 为 212.15.76.78/24，请结合第 3 题的节点方案为 B 公司规划 IP 分配方案。

5．将接入层核心路由器设备名称更改为 "L1"，并根据设备节点方案与 IP 分配方案配置主要端口的 IP 地址（注：外端口 IP 地址被指定为 212.15.76.78/24）。

模块 2

交换机的配置与应用 ●●●●

任务 6　了解交换机技术的发展与工作原理

任务描述 ↗

在模块 1 的任务 3 中，小明使用交换机作为星型拓扑结构的中心设备组建局域网，对交换机产生了浓厚的兴趣，随后他又查阅了大量的资料，深入研究交换机。接下来就让我们一起跟着小明学习和了解交换机的相关技术。

任务清单 ↗

任务清单如表 2-1 所示。

表 2-1　了解交换机技术的发展与工作原理——任务清单

任务目标	【素质目标】 　在本任务的学习中，融入华为、中兴等民族企业在通信领域的发展，激发学生的民族自信心和责任担当意识；在培养学生配置华为交换机的能力的同时，培养学生大国工匠精神。 【知识目标】 　了解交换技术； 　了解交换机的发展历史； 　了解交换机的工作原理。 【能力目标】 　能够根据用户需求，选用合适的交换机设备
任务重难点	【任务重点】 　了解交换机的发展历史； 　了解交换机的工作原理。 【任务难点】 　了解交换机的工作原理

任务内容	1. 交换及交换机； 2. 交换机的工作原理； 3. 交换机的交换方式； 4. 交换机的指标； 5. 交换机技术的发展
所需材料	为每组提供一台能接入网络、装有华为 eNSP 的计算机
资源链接	微课、图例、PPT 课件、实训报告单

任务实施

2.1　交换及交换机

　　交换，是按照通信两端传输信息的需要，用人工或设备自动完成的方法，把要传输的信息送到符合要求的相应路由上的技术的统称。广义的交换机是一种在通信系统中完成信息交换功能的设备。

　　交换和交换机起源于电话通信系统（PSTN），我们现在还能在老电影中看到这样的场面：某人（主叫用户）拿起话筒后猛摇摇杆，局端是一排插满线头的机器，戴着耳麦的接线员接到连接要求后，把线头插在相应的出口，为两个用户端建立起连接，直到通话结束。现在我们早已普及了程控交换机，交换的过程都是自动完成的，但是早期这个过程是通过人工的方式完成的。当电话被发明后，只需要一根足够长的电话线，加上两端的两台电话，就可以使相距很远的两个人进行语音交谈。

　　电话增多后，要使拥有电话的人都能相互通信，我们不可能在每两台电话之间都拉上一根电话线。于是人们设立了电话局，每个电话用户都接一根电话线到电话局的一个大电路板上。当 A 希望和 B 通话时，就请求电话局的接线员接通 B 的电话。接线员用一根电话线，一头插在电路板的 A 孔，另一头插到 B 孔，这就是"接续"，相当于临时给 A 和 B 拉了一条电话线，这时双方就可以通话了。通话完毕，接线员将电线拆下，这就是"拆线"。以上就是"人工交换"过程，它实际上就是一个"合上开关"和"断开开关"的过程。因此，把"交换"译为"开关"从技术上讲更容易让人理解。

　　通过这种电路程控交换机进行人工交换的效率太低，不能满足大规模部署电话的需要。随着半导体技术的发展和开关电路技术的成熟，人们发现可以利用电子技术替代人工交换技术。电话终端用户只要向电子设备发送一串电信号，电子设备就可以根据预先设定的程序，将请求方和被请求方的电路接通，并且二者独占此电路，不会与第三方共享（当然，一些设计缺陷，可能会导致出现多人共享电路的情况，这就是俗称的"串线"）。这种交换方式被称为"程控交换"。而这种设备就是"程控交换机"。

　　由于程控交换的技术长期被发达国家垄断，设备昂贵，因此我国的电话普及率一直不高。随着华为、中兴通讯等企业陆续自主研制出程控交换机，电话在我国得到了迅速

039

普及。

无论是人工交换还是程控交换，都是为了传输语音信号，是需要独占线路的"电路交换"。而以太网是一种计算机网络，传输的是数据，因此采用的是"包交换"方式。但无论采取哪种交换方式，交换机为两点间提供"独享通路"的特性不会改变。就以太网设备而言，交换机和集线器的本质区别就在于，当 A 发信息给 B 时，如果通过集线器，则接入集线器的所有网络节点都会收到这条信息（也就是以广播形式发送），只是网卡在硬件层面会过滤掉不是发给本机的信息；而如果通过交换机，除非 A 通知交换机广播，否则发给 B 的信息 C 绝不会收到（获取交换机控制权限从而监听的情况除外）。

随着计算机及互联技术（也即通常所说的"网络技术"）的迅速发展，以太网成为了迄今为止普及率最高的短距离二层计算机网络。而以太网的核心部件就是以太网交换机。利用专门设计的集成电路可使交换机以线路速率在所有的端口并行转发信息，这提供了比传统桥接器高得多的操作性能。如理论上 1 对以太网端口含有 64 个八进制的数据包，可提供 14 880bit/s 的传输速率。这意味着一台具有 12 个端口、支持 6 道并行数据流的"线路速率"以太网交换机必须提供 89 280bit/s 的总体吞吐率（6 道信息流×14 880bit/s/道信息流）。专用集成电路技术使得交换机可在更多端口的情况下以上述性能运行，其端口造价低于传统桥接器。

交换机内部核心处有一个交换矩阵，为任意两端口间的通信提供通路，或是一个快速交换总线，以使由任意端口接收的数据帧从其他端口送出。在实际设备中，交换矩阵的功能往往由专门的芯片（ASIC）完成。

目前，以太网交换机厂商根据市场需求，推出了三层甚至四层交换机。但无论如何，其核心功能仍是进行二层以太网数据包交换，只是带有一定的处理 IP 层甚至更高层数据包的能力。

2.2 交换机的工作原理

我们常见的以太网交换机工作于 OSI 网络模型的第二层（数据链路层），它基于网卡独一无二的 MAC 地址进行表格记录和端口识别，然后通过内部交换矩阵将数据转发给指定的端口。

世界上的每一片网卡都有一个唯一的 MAC 地址，它被生产厂家烧录在网卡的 EPROM 芯片中，它并不能像网卡 IP 地址一样随时被更改，所以大家习惯上叫它物理地址。如图 2-1 所示，在 cmd 环境中，输入 ipconfig-all 命令可以查询本机网卡的物理地址。

交换机拥有一条具有很高带宽的背部总线和内部交换矩阵。交换机的网线端口我们称为端口。所有的端口都挂在背部总线上。控制电路收到数据包以后，处理端口会查找内存中的地址对照表以确定目的 MAC 地址（网卡的硬件地址）的 NIC（网卡）挂接在哪个端口上，之后通过内部交换矩阵迅速将数据包传送到目的端口。若目的 MAC 地址不存在，则广播到所有的端口，接收端口回应后交换机会"学习"新的地址，并把它加入内部地址表，如图 2-2 所示。

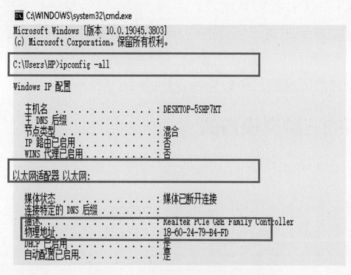

图 2-1　网卡的物理地址示意图

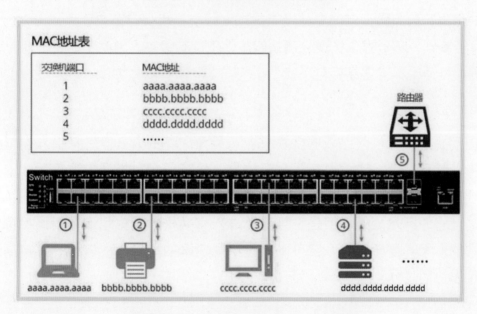

图 2-2　MAC 地址"学习"示意图

当端口收到网络上发来的数据包后，交换机的单片机就会查找其存储的地址对照表，看是否有终端 MAC 地址。

如果有，就通过交换矩阵迅速将数据包传送到该端口。如果目的 MAC 地址不存在，交换机就会发广播到所有的端口，有端口回应后，交换机就会记录这个新的 MAC 地址，并把它加入内部 MAC 地址表，以便下次使用。在带网管功能的交换机上，可以输入命令查看这个 MAC 地址表。

当然，这个 MAC 地址表是有时限的，当交换机关机或者 300s 内未发生通信时，它就会清空记录表。

举一个例子，A 机准备传送数据给 B 机。但交换机不知道转发数据所需的 MAC 地址，A 机就发送一个 ARP 请求，B 机收到后返回其 MAC 地址，A 机用此 MAC 地址封装数据包并发送给交换机，交换机就开始查找 MAC 地址表，并将该数据包转发到 B 机相应的端口。

这种基于 MAC 地址的数据链路层交换机，称为二层交换机，它只进行转发，不能自己设置 IP 地址，一般用在网络接入层和汇聚层。而带有路由功能并可以自己设置 IP 地址的网络层交换机，称为三层交换机，一般用在网络的核心层。

2.3　交换机的三种交换方式

1．直通式

直通式的以太网交换机可以理解为在各端口间纵横交叉的线路矩阵交换机。当它在输入端口检测到一个数据包时，会检查该包的包头，获取包的目的地址，启动内部的动态查找表转换成相应的输出端口，在输入与输出交叉处接通，把数据包以直通的方式传输到相应的端口，实现交换功能。由于不需要存储，因此延迟非常小，交换非常快，这是它的优点。它的缺点是，因为数据包内容并没有被以太网交换机保存下来，所以无法检查所传送的数据包是否有误，不能提供错误检测功能。由于没有缓存，因此不能将不同速率的输入/输出端口直接接通，并且容易丢包。

2．存储转发式

存储转发式是计算机网络领域交换机应用最为广泛的方式。它把输入端口的数据包先存储起来，然后进行 CRC（循环冗余码校验）检查，在对错误包处理后才取出数据包的目的地址，通过查找表转换成输出端口送出包。正因如此，存储转发式在数据处理时时延大，这是它的不足之处，但是它可以对进入交换机的数据包进行错误检测，有效地改善网络性能。尤其重要的是，它可以支持不同速率的端口间的转换，使得高速端口与低速端口可以协同工作。

3．碎片隔离

这是介于前两者之间的一种解决方案。它检查数据包的长度是否够 64 字节，如果小于 64 字节，则说明是假包，丢弃该包；如果大于 64 字节，则发送该包。这种方式也不提供数据校验。它的数据处理速度比存储转发方式快，但比直通式慢。

2.4　交换机的指标

对于一般交换机，我们只看两个指标：背板带宽和包转发率。

1．背板带宽

背板带宽指交换机中的单片机和数据总线间所能吞吐的最大数据量。一台 24 口千兆交换机，它的背板带宽为 48Gbit/s，当然越宽越好。

背板带宽=端口数量×端口速率×2。

故该交换机的背板带宽=24×1 000×2/1 000=48Gbit/s。

2. 包转发速率（吞吐量）

包转发速率指在不丢包的情况下，单位时间内通过的数据包数量。

还是以 24 口千兆交换机为例，当满配时，它的吞吐量应达到 24×1.488Mpps=35.71Mpps，在所有端口全部线速工作时，数据包不会丢失。不过，一分价钱一分货，同样是千兆交换机，根据端口数量及上述这两个指标的不同，价格千差万别。

2.5 交换机技术的发展

从 20 世纪 80 年代后期至今，办公局域网几乎被以太网（LAN）交换机所垄断。令牌环现在已经很少见了。从 2000 年起，以太网成为城域网宽带接入的主力。无论是 20 世纪 80 年代的发展、20 世纪 90 年代局域网的垄断，还是 2000 年之后的城域网的拓展，以太网交换机的成功因素都在于简单易用、高带宽、低成本。

三层流 Cache 转发技术的出现，使得以太网交换机从二层走向了三层，进入 IP 领域。全以太城域网构成了一个巨大的二层网络，在宽带用户激增的情况下，网络变得不可控制。随着 2019 年下半年国内启动的城域网改造，各地的城域网逐渐演进为路由网络。由于流 Cache 技术成本很低，三层交换机对比路由器的成本优势明显。2000—2019 年，三层交换机全面进入宽带城域网汇聚层，在很多地方甚至覆盖到城域网核心层。代表性的产品是华为 S8500 系列核心路由交换机，典型的机型为 S8505 和 S8512，如图 2-3 所示。

S8505   S8512

图 2-3　S8500 系列核心路由交换机

S8505 有 7 个槽位，5 个通用 I/O 槽，背板容量为 750GB，交换容量为 300GB，包转发率为 180Mpps；S8512 有 14 个槽位，12 个业务槽，背板容量为 1.8TB，交换容量为 720GB，包转发率为 432Mpps。

光交换是人们正在研制的下一代交换技术。目前所有的交换技术都是基于电信号的，即使是目前的光纤交换机也是先将光信号转换为电信号，经过交换处理后，再转换回光信号发送到另一根光纤。由于光电转换速率较低，同时电路的处理速率存在物理学上的瓶颈，因此人们希望设计出一种无须经过光电转换的"光交换机"，其内部不是电路而是光路，逻辑元件不是开关电路而是开关光路，这样将大大提高交换机的处理速率。

任务 7 交换机的基本管理

🖥 任务描述

A 公司由于业务升级需要扩大网络规模，特向华兴网络集成公司购置了一批华为交换机用以拓展现有网络，由小明负责安装调试。为了顺利完成任务，小明通过华为 eNSP 练习交换机基本管理命令。

📋 任务清单

任务清单如表 2-2 所示。

表 2-2　交换机的基本管理——任务清单

任务目标	【素质目标】 在交换机基本管理的学习中，融入职业教育，培养学生责任意识和学生大国工匠精神。 【知识目标】 了解交换机基本管理的内容； 掌握交换机基本的配置方法。 【能力目标】 能够调试及进行基本的交换机配置
任务重难点	【任务重点】 交换机的基本管理。 【任务难点】 配置交换机登录密码； 配置系统时间和日期； 配置交换机以远程管理 IP 地址
任务内容	通过交换机 Console 端口登录及配置登录密码； 交换机的基本配置； 配置交换机以远程管理 IP 地址； 去除干扰信息，设置永不超时； 配置带宽及双工模式
所需材料	为每组提供一台能接入网络、装有华为 eNSP 的计算机
资源链接	微课、图例、PPT 课件、实训报告单

2.6 交换机的初始化配置及基本管理

步骤1 通过交换机 Console 端口登录。

通过交换机 Console 端口登录是最基本的登录方式，仅限于本地登录，通常在以下场景使用该登录方式。

（1）在对设备进行第一次配置时，可通过 Console 端口登录设备。

（2）当用户无法远程登录设备时，可通过 Console 端口进行本地登录。

（3）当设备无法启动时，可通过 Console 端口登录进入 BootLoader 进行诊断或系统升级。

在 eNSP 界面中双击 PC1，打开"PC1"对话框，单击"串口"选项卡，可以看到设置选项，单击"连接"按钮，如图 2-4 所示。

图 2-4 串口连接交换机 Console 端口

在图 2-5 中，通过命令行的显示可知通过 Console 端口登录成功。

图 2-5 通过 Console 端口登录成功

步骤2 通过 Console 端口配置登录密码：

```
<Huawei>system-view
[Huawei]user-interface con 0          //进入用户界面视图Console0
[SW1-ui-console0]authentication-mode password
                                      //认证方式为password
[SW1-ui-console0]set authentication password cipher huawei123
                                      //设置密码为huawei123
```

重新用 Console 端口登录，此时系统提示输入密码。输入正确的密码"huawei123"，可成功登录。

下面的步骤 3~步骤 10 可在华为 eNSP 中通过双击交换机进行配置。

步骤3 交换机的基础配置。

（1）为交换机修改名称：

```
<huawei>system-view
[huawei]sysname s1                    //将交换机名称修改为s1
[s1]quit
```

（2）设置交换机系统时间和所在时区：

```
<s1>clock datetime 08:30:00 2024-01-01    //设置系统时间，注意时间格式
<s1>clock timezone  BJ add 08:00:00       //设置时区（注：北京为东8区）
<s1>display clock   //查看系统时间
```

（3）设置语言模式：

```
<s1>language-mode Chinese                 //设置语言模式为中文
Change language  mode ,confirm?[Y/N]   y //根据提示确认
提示：改变语言模式成功
```

（4）恢复交换机出厂设置：

```
<s1>reset saved-configuration             //恢复交换机出厂设置
<s1> reboot                               //重启交换机
```

步骤4 配置交换机以远程管理 IP 地址。

可在一个三层端口直接配置 IP 地址，对于没有三层端口的网络设备（如二层交换机）来说，需要创建虚拟端口，并在虚拟端口中配置 IP 地址。我们把这种虚拟端口叫作 VLAN 虚拟端口（VLANIF），其配置命令如下：

```
<huawei>system-view
[huawei]Int Vlanif 1                      //进入VLAN
[huawei-Vlanif]Ip address 192.168.1.1 255.255.255.0
                                          //设置VLAN的IP地址
[huawei-Vlanif]quit
```

需要说明的是，在同一台设备上，不同端口的 IP 地址不能配置在同一个网段内。配置 IP 地址后可以通过 display ip interface brief 命令来查看。

步骤5 去除干扰信息，设置永不超时：

```
<huawei>undo terminal monitor            //去除干扰信息
```

```
<huawei>system-view                              //进入系统视图
[huawei]user-interface console 0                 //进入console 0端口
[huawei-ui-console0]idle-timeout 0               //设置永不超时
[huawei-ui-console0]quit
```

步骤6 撤销配置交换机时弹出的信息:

```
[huawei]undo info-center enable                  //撤销配置交换机时弹出的信息
```

步骤7 配置端口带宽限制:

```
[huawei]int e0/0/1                    //进入端口配置模式,以Ethernet0/0/1端口为例
[huawei-Ethernet0/0/1]speed ?
10    10M port speed mode
100   100M port speed mode
[huawei-Ethernet0/0/1]undo negotiation  auto  //关闭自协商功能
[huawei-Ethernet0/0/1]speed  10     //设置端口速率为10Mbit/s
[huawei-Ethernet0/0/1]quit
```

步骤8 配置端口双工模式。

数据传输分为单工、全双工和半双工三种模式。单工指只支持数据在一个方向上传输。双工指两台通信设备之间,允许有双向的数据传输。通常有两种双工模式:一种叫半双工,另一种叫全双工。如图2-6所示为三种模式示意图。

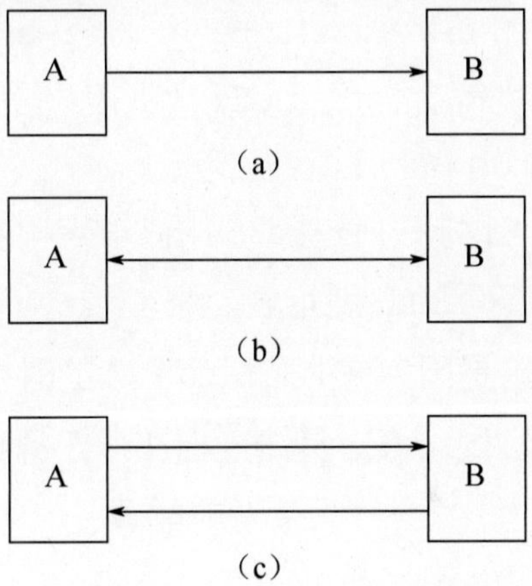

全双工的系统允许两台设备同时进行双向数据传输。一般的电话、手机就是全双工的系统,因为你在讲话的同时也可以听到对方的声音。

半双工的系统也允许两台设备进行双向数据传输,但不能同时进行。因此,同一时间只允许一台设备传输数据,若另一台设备要传输数据,需等正在传输数据的设备传输完成后再传输。

图2-6 单工、全双工、半双工模式示意图

在图2-6中,(a)为单工模式,只能单向传输;(b)为全双工模式,(c)为半双工模式。在半双工模式中,可以先由A端传向B端,再由B端传向A端;也可以先由B端传向A端,再由A端传向B端。总之,半双工模式的A、B两端可互传数据,但是同一时间只能向一个方向传输。

全双工模式相对于半双工模式而言有很多优点。

首先,半双工传输模式采用载波侦听多路访问/冲突检测技术。传统的共享型LAN以半双工模式运行,线路上容易发生传输冲突。与集线器相连的节点(多个节点共享一条到交换机端口的连接)必须以半双工模式运行,而且这种节点必须能够进行冲突检测。

其次,全双工传输模式可以用于点到点以太网连接和快速以太网连接,这种模式不会发生冲突,因为它使用双绞线中两条不同的线路。

一般在网卡的"高级"属性里可以修改网卡的双工类型，默认是"自动协商"。交换机上有 Duplex 灯，如果灯亮，表示工作在全双工模式。目前绝大多数的交换机均能自动识别与支持双工模式，无须手工设置。查看端口传输模式的命令为"Duplex ?"。例如：

```
[huawei]int Ethernet0/0/1
[huawei]Duplex ?
  full Full-Duplex mode
  half Half-Duplex mode
```

在个别情况下需要手动调整端口的数据传输模式。在这里简单介绍一下手动设置端口为全双工模式的命令：

```
[huawei]undo negotiation auto
[huawei]duplex full
[huawei]quit
```

步骤 9　查看 MAC 地址表。

查看 MAC 地址表的命令是 display mac-address。

```
[huawei] display mac-address
```

执行命令后，发现数据表是空的：

```
[huawei]
```

这时打开任务二的拓扑图中的 PC2 和 PC3，分别设置 IP 地址，通过 PC2 ping PC3，之后再查看 MAC 地址表。

这是因为在 PC2 ping PC3 的时候，该交换机进行了地址"学习"，在"学习"过程中生成了 MAC 地址表。具体过程在"任务 62.2 交换机的工作原理"中已详细介绍，这里不再赘述。

步骤 10　保存当前配置：

```
[huawei]quit
```

或

```
[huawei]return
<Huawei>save
```

需要说明的是，保存配置一定要在用户视图模式下进行。

任务 ⑧　VLAN 技术的引入

任务描述

　　A 公司的局域网搭建已完成，但是在使用中发现一个问题，财务部和销售部都在同一楼层办公，设备都连接在同一台交换机上，在工作中由于病毒等原因会造成部门之间的设备交互感染，部门网络的安全得不到保障，尤其是财务数据与销售数据，对于公司来说至关重要。A 公司相关负责人联系小明，咨询网络优化提升的问题。在向项目经理请教后，小明决定使用 VLAN 技术对该公司的网络进行改造。

网络设备安装与调试（华为版）

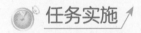
任务清单

任务清单如表 2-3 所示。

表 2-3　VLAN 技术的引入——任务清单

任务目标	【素质目标】 　在该任务的学习中，融入职业教育，培养学生责任意识和大国工匠精神。 【知识目标】 　了解 VLAN 的功能及作用； 　了解 VLAN 在交换机上的实现方法； 　掌握配置 VLAN 的常用命令。 【能力目标】 　能够使用 VLAN 技术优化局域网，提升网络安全性与传输速率
任务重难点	【任务重点】 　VLAN 的功能及作用。 【任务难点】 　常见的 VLAN 相关命令
任务内容	1. VLAN 的功能及作用； 2. VLAN 在交换机上的实现方法； 3. 常见的 VLAN 相关命令
所需材料	为每组提供一台能接入网络、装有华为 eNSP 的计算机
资源链接	微课、图例、PPT 课件、实训报告单

任务实施

2.7　VLAN 的功能及作用

VLAN（Virtual Local Area Network）又称虚拟局域网，是指在交换局域网的基础上，采用网络管理软件构建的可跨越不同网段、不同网络的端到端的逻辑网络。一个 VLAN 组成一个逻辑子网，即一个逻辑广播域，它可以覆盖多个网络设备，允许处于不同地理位置的网络用户加入同一个逻辑子网。VLAN 是一种比较新的技术，工作在 OSI 参考模型的第 2 层和第 3 层，VLAN 之间的通信是通过第 3 层的路由器来完成的。

以 A 公司的案例来说明，图 2-7 是公司网络示意图，不同部门的计算机处于同一个局域网中。

可以通过 VLAN 技术将不同部门的计算机划分到不同的虚拟局域网中，虚拟局域网之间无法连通，如图 2-8 所示。这样就实现了不同部门之间的相互隔离。

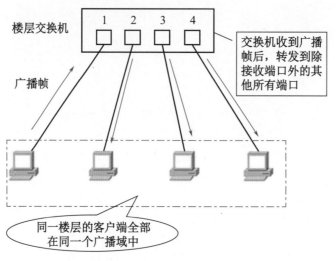

图 2-7　公司网络现状

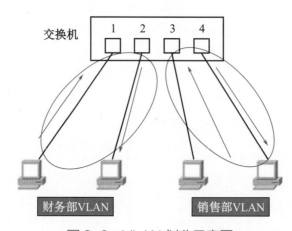

图 2-8　VLAN 划分示意图

使用 VLAN 技术不仅能够提高网络的安全性，还能带来如下好处。

1. 减少网络管理开销

网络管理员采用 VLAN 技术能够轻松管理整个企业局域网络。例如，企业内部由于业务调整，人员在部门间相互调动，此时需要将变动的人员的计算机归入相应的工作组。如果局域网内采用了 VLAN 技术，网络管理员只需更改交换机上的几个设置，就能迅速地建立适应新需要的 VLAN 网络，不用花时间和人力去搬动计算机。

2. 控制网络上的广播

大量的广播可以形成广播风暴，通过 VLAN 技术可以建立防火墙机制，防止交换网络过量广播。使用 VLAN 技术，可以将某个交换端口或用户赋予某一个特定的 VLAN 组，该 VLAN 组可以在一个交换网中或跨接多个交换机，在一个 VLAN 中的广播不会被送到 VLAN 之外。同样，相邻的端口不会收到其他 VLAN 产生的广播。这样可以减少广播流量，释放带宽给用户使用，减少广播风暴的产生。

网络设备安装与调试（华为版）

3．增加网络的安全性

一个 VLAN 就是一个单独的广播域，它们之间相互隔离，大大提高了网络的利用率，确保了网络的安全性。人们经常在 VLAN 上传送一些保密的、关键性的数据。对于保密的数据，应提供访问控制等安全手段。一个有效和容易实现的方法是将网络分成几个不同的广播组，网络管理员限制 VLAN 中用户的数量，禁止未经允许访问 VLAN 中的应用。交换端口可以基于应用类型和访问特权进行分组，一般将被限制的应用和资源置于安全的 VLAN 中。

4．简化网络管理

网络管理员能借助 VLAN 技术轻松管理整个网络。网络管理员只需设置几条命令，就能在几分钟内建立某一项目的 VLAN 网络，其成员使用 VLAN 网络，就像在本地使用局域网一样。

VLAN 技术具有这么多优势，根本原因在于该技术能够隔离广播域。在此让我们复习一下广播域的概念。广播域，指的是广播帧（目标 MAC 地址全部为 1）所能传递到的范围，即能够直接通信的范围。严格地说，并不仅仅是广播帧，多播帧（Multicast Frame）和目标不明的单播帧（Unknown Unicast Frame）也能在同一个广播域中畅行无阻。

那么，广播帧真的出现的那么频繁吗？是的！实际上广播帧会非常频繁地出现。利用 TCP/IP 协议簇通信时，除了前面出现的 ARP，还可能需要发出 DHCP、RIP 等很多其他类型的广播帧。本来，二层交换机只能构建单一的广播域，但使用 VLAN 技术后，就能够将网络分割成多个广播域。

那么，为什么要分割广播域呢？因为，如果仅有一个广播域，就有可能影响网络整体的传输性能。具体原因，请参看图 2-9 以加深理解。

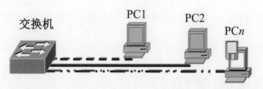

图 2-9　未划分 VLAN 时的交换机网络

如图 2-9 所示，每次广播的数据包无论是否需要，都会到达网络中的每一台设备，这会造成带宽资源的极大浪费，并且易造成网络拥塞，相应的网络安全性也会随之降低。

2.8　VLAN 在交换机上的实现方法

VLAN 在交换机上的实现方法，可以大致划分为 4 种。

1．基于端口划分的 VLAN

这种方法是根据以太网交换机的端口来划分 VLAN 的。比如，可以把交换机的 1～8 端口划分为 VLAN 1，9～15 端口划分为 VLAN 2，16～24 端口划分为 VLAN 3，等等。当然，属于同一个 VLAN 的端口可以不连续。根据端口划分是目前定义 VLAN 的最广泛的方法，其规定了依据以太网交换机的端口来划分 VLAN 的国际标准。这种划分方法的优点是定义 VLAN 成员时非常简单,只要将所有的端口都定义一下就可以了。它的缺点是如果 VLAN 的用户离开了原来的端口,到了一个新的交换机的某个端口,就必须重新进行划分。

2. 基于 MAC 地址划分 VLAN

基于 MAC 地址的 VLAN 分配方案确实可使某些移动、添加和更改操作自动化。如果根据 MAC 地址某用户被分配到一个 VLAN 或多个 VLAN,则他(她)的计算机可以连接交换网络的任何一个端口,所有通信量均能正确无误地到达目的地。显然,网络管理员要进行 VLAN 初始分配,但不同的物理连接的用户不需要在管理控制台进行人工干预。例如,有很多移动用户的站,他们并非总是连接同一个端口,办公室可能都是临时性的,采用基于 MAC 地址的 VLAN 可避免很多麻烦。

3. 基于网络层划分 VLAN

这种方法根据每个主机的网络层地址或协议类型(如果支持多协议)来划分 VLAN,查看每个数据包的 IP 地址,但由于不进行路由,因此不使用 RIP、OSPF 等路由协议,而是根据生成树算法进行桥交换。这种方法的优点是,如果用户的物理位置改变了,则不需要重新配置 VLAN,并且可以根据协议类型来划分 VLAN。另外,这种方法不需要附加的帧标签来识别 VLAN,可以减少网络的通信量。但这种方法效率低,因为检查每一个数据包的网络层地址是需要消耗处理时间的。

4. 基于计算机用户的 VLAN

这种方法根据交换机各端口所连接的计算机上当前登录的用户,来决定该端口属于哪个 VLAN。这里的用户识别信息,一般是计算机操作系统登录用户的信息,如可以是 Windows 域中使用的用户名。这些用户名信息,属于 OSI 第 4 层上的信息。

2.9 常见的 VLAN 相关命令

我们在工作中常见的 VLAN 相关命令如表 2-4 所示。

表 2-4 常见的 VLAN 相关命令

常 见 命 令	视 图	作 用
vlan id	系统	创建 VLAN 并进入 VLAN 视图
vlan batch id1 id2 ······ 或 vlan batch id1 to id n	系统	批量创建 VLAN
interface interface-type interface-number	系统	进入指定的端口视图
port link-type {access|trunk|hybrid|dot1q-tunnel}	系统	配置端口的链路类型
port default vlan vlan-id	端口	配置端口默认的 VLAN 并同时加入该 VLAN
port interface-type {1 [to n] }	VLAN	将指定的多个端口加入指定的 VLAN

网络设备安装与调试(华为版)

常见命令	视 图	作 用
port trunk allow-pass vlan id1 to id n	端口	配置 trunk 类型端口加入的 VLAN
port trink pvid vilan id	端口	配置 trunk 类型端口的默认 VLAN
display vlan [vlan-id]	系统	查看所有[指定]的 VLAN 的相关信息
display interface [interface-type [interface-numbei]]	所有	查看端口信息
display port vlan [interface-type [interface-numbei]]	所有	查看 VLAN 中包含的端口信息
display this	所有	查看当前视图下的相关配置

任务 ⑨ 基于端口的 VLAN 划分

任务描述

接任务 3，在请教项目经理后，小明决定使用 VLAN 划分虚拟局域网，以此解决 A 公司财务部和销售部在同一个网络冲突域的问题。为更好地实施项目，小明使用 eNSP 搭建如图 2-10 所示的拓扑结构，提前练习。

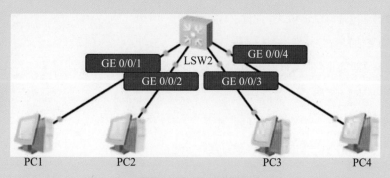

图 2-10 拓扑结构

在此拓扑结构中，PC1～PC4 连在同一个交换机上。假设 PC1 与 PC2 是财务部的客户端，PC3 与 PC4 是销售部的客户端，现在需要将 PC1 与 PC2 划分到 VLAN 1 中，将 PC3 与 PC4 划分到 VLAN 2 中，VLAN 1 与 VLAN 2 彼此相互隔离，如图 2-11 所示。

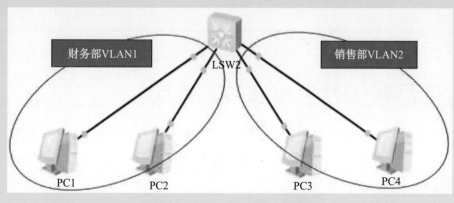

图 2-11 VLAN 划分示意图

任务说明见表 2-5。

表 2-5 任务说明

客 户 端	IP 地 址	所属部门	对应交换机上的端口	规划 VLAN
PC1	192.168.0.1	财务部	GE 0/0/1	VLAN 1
PC2	192.168.0.2	财务部	GE 0/0/2	VLAN 1
PC3	192.168.0.3	销售部	GE 0/0/3	VLAN 2
PC4	192.168.0.4	销售部	GE 0/0/4	VLAN 2

任务清单

任务清单如表 2-6 所示。

表 2-6 基于端口的 VLAN 划分——任务清单

任务目标	【素质目标】 在该任务的学习中，融入职业教育，培养学生责任意识和大国工匠精神。 【知识目标】 掌握通过端口划分 VLAN 的方法与步骤。 【能力目标】 能够通过交换机的端口划分 VLAN，提升网络安全性与传输速率
任务重难点	【任务重点】 通过端口划分 VLAN 的步骤； 通过端口划分 VLAN 的命令。 【任务难点】 通过端口划分 VLAN 的命令及相关配置
任务内容	1. 通过端口划分 VLAN 的步骤； 2. 通过端口划分 VLAN 的命令
所需材料	为每组提供一台能接入网络、装有华为 eNSP 的计算机
资源链接	微课、图例、PPT 课件、实训报告单

任务实施

2.10 基于端口划分 VLAN 的步骤与方法

步骤1 配置 PC1 ~ PC4 的 IP 地址。在本任务中，将 4 台计算机设置于同一个网段中，网段地址拟为 192.168.0.0/24。由于拓扑结构不涉及路由器及网关，因此网关地址暂不配置。具体配置参考如图 2-12 ~ 图 2-15 所示。

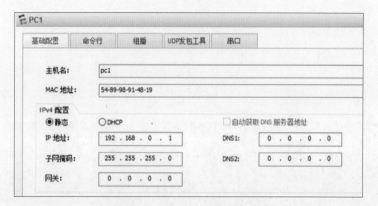

图 2-12　PC1 基础配置

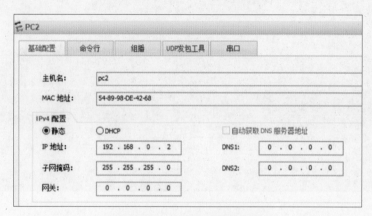

图 2-13　PC2 基础配置

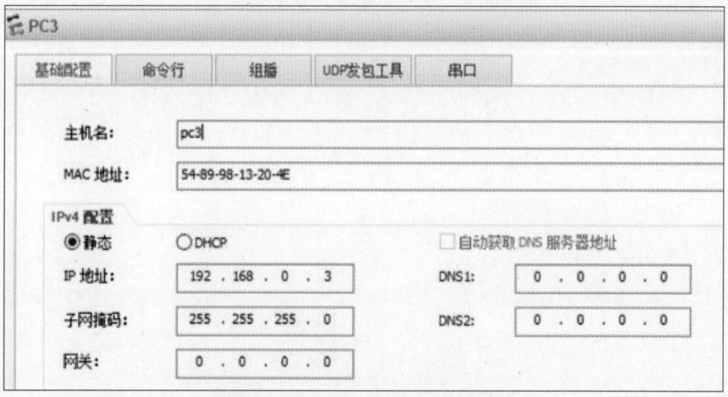

图 2-14　PC3 基础配置

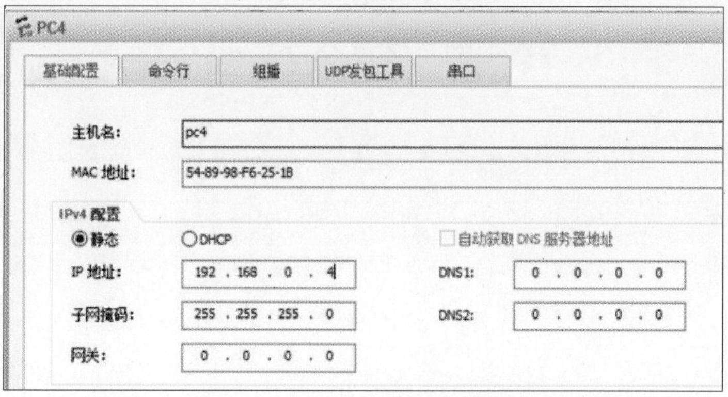

图 2-15　PC4 基础配置

步骤 2 划分 VLAN 前的连通性测试。通过 ping 命令测试发现，在未划分 VLAN 前，4台计算机均能两两 ping 通，如图 2-16 所示。

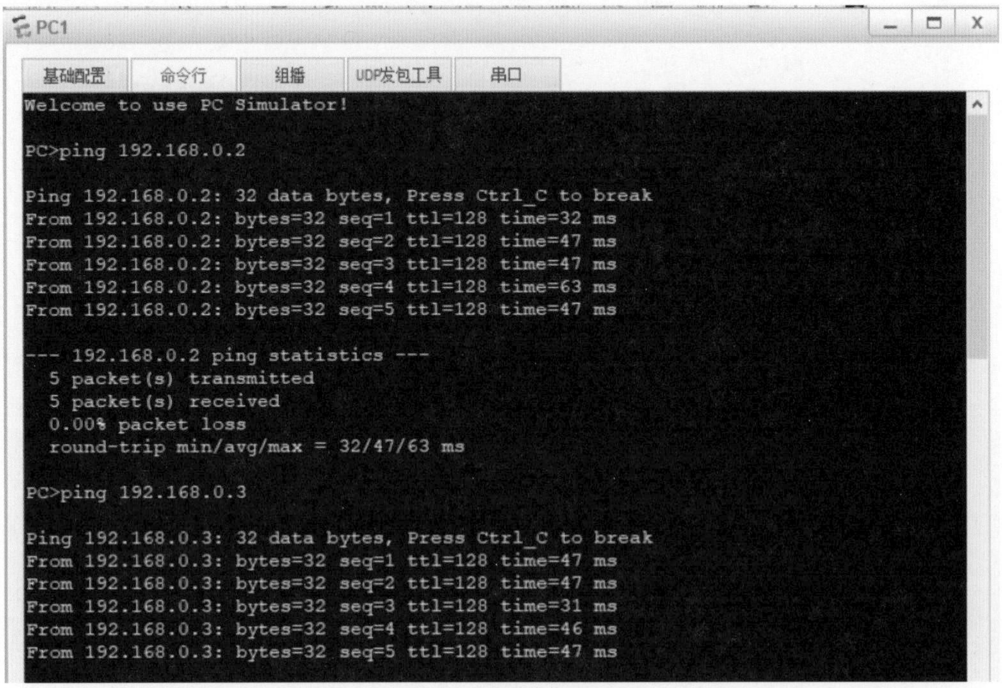

图 2-16 划分 VLAN 前的连通性测试

步骤 3 创建 VLAN。在模拟器中双击交换机图标，输入如下命令：

```
<Huawei>system-view
[Huawei]vlan batch 1 2 //创建VLAN 1与VLAN 2
```

步骤 4 分别进入 4 个端口视图，设置端口类型并加入相应的 VLAN。以端口 GE 0/0/0/1 为例，该端口与 PC1 相连。

```
[Huawei]interface g0/0/1
[Huawei-GigabitEthernet0/0/1]port link-type access
                         //设置端口类型为access
[Huawei-GigabitEthernet0/0/1]port default vlan 1
                         //将端口加入VLAN 1
[Huawei-GigabitEthernet0/0/1]quit
```

其余 3 个端口的配置方法基本相同，这里不再赘述。不同的是，GE 0/0/3 与 GE 0/0/4 端口被加入 VLAN 2。

步骤 5 划分 VLAN 后再次测试连通性。通过测试发现，PC1 与 PC2 能够 ping 通，与 VLAN 2 中的 PC3 和 PC4 无法连通。同样，PC3 与 PC4 能够 ping 通，而与 VLAN 1 中的 PC1 和 PC2 无法连通，证明 VLAN 划分成功，如图 2-17、图 2-18 所示。

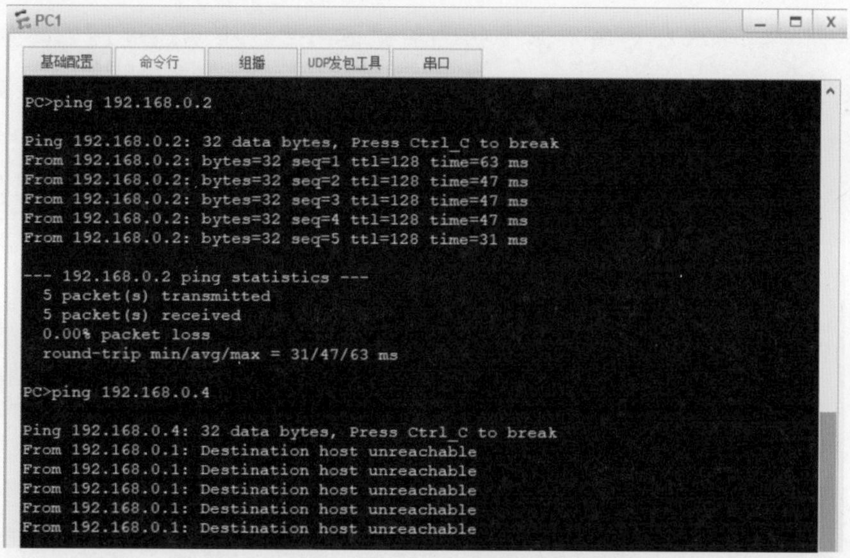

图 2-17 PC1 的连通性测试

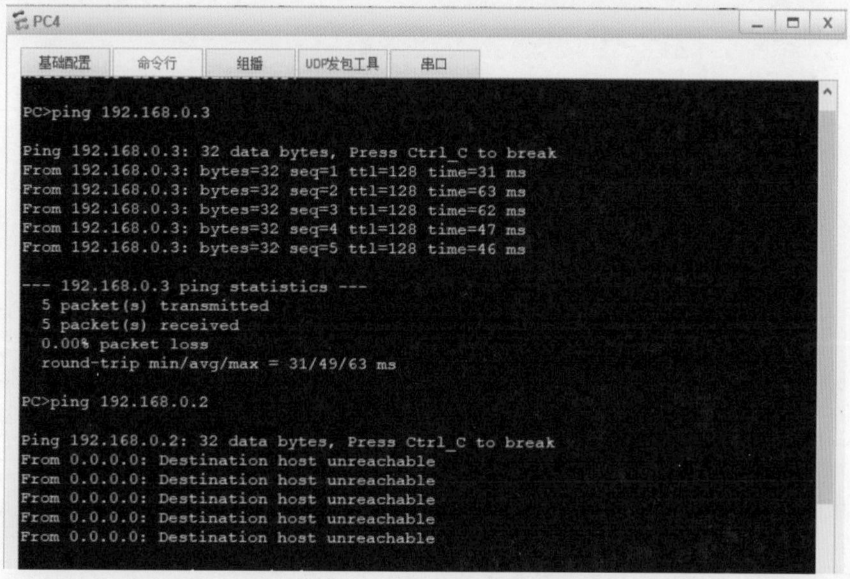

图 2-18 PC4 的连通性测试

任务⑩ 跨交换机的相同 VLAN 间的通信

任务描述

　　在实际应用中，通常需要对跨越多台交换机的多个端口划分 VLAN，比如，同一个部门的员工，可能会分布在不同的建筑物或不同的楼层中，此时的 VLAN 就将跨越多台交换机，如图 2-19 所示。

　　A 公司为扩大销售规模，不断调整人员结构，销售队伍不断壮大，原销售部划分为销售 1 部与销售 2 部，办公地点在不同楼层。于是，该公司向华兴网络集成公司申请了网络改造项目，希望为处在不同楼层的两个销售部门打破物理节点的限制，将他们划分到同一个局域网中。华兴公司决定派小明去实施该项目，小明通过调查与分析后决定，通过配置跨交换机链路实现交换机间的相同 VLAN 内的通信。为保障项目顺利实施，小明利用 eNSP 搭建如图 2-20 所示的拓扑结构并加以练习。

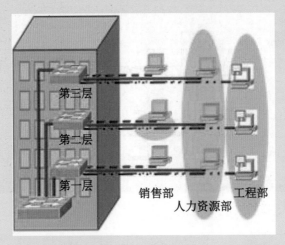

图 2-19　跨越多台交换机的 VLAN 示意图

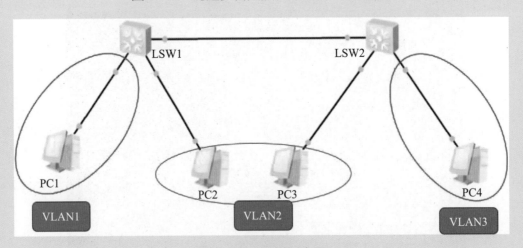

图 2-20　任务示意图

在此拓扑结构中，PC1 与 PC4 分别处于 VLAN 1 与 VLAN 3 中，将 PC2 与 PC3 跨交换机划分到 VLAN 2 中。

任务清单

任务清单如表 2-7 所示。

表 2-7　跨交换机的相同 VLAN 间的通信——任务清单

任务目标	【素质目标】 在该任务的学习中，融入职业教育，培养学生责任意识和大国工匠精神。 【知识目标】 掌握跨交换机的相同 VLAN 内的通信方法与步骤。 【能力目标】 能够将不同交换机间的计算机通过跨交换机的相同 VLAN 内的通信划分在同一个虚拟局域网中

任务重难点	【任务重点】 跨交换机的相同 VLAN 间的通信。 【任务难点】 理解 trunk 类型的端口与 access 类型端口的不同； 交换机间相连端口的配置
任务内容	跨交换机的相同 VLAN 间的通信
所需材料	为每组提供一台能接入网络、装有华为 eNSP 的计算机
资源链接	微课、图例、PPT 课件、实训报告单

任务实施

2.11 跨交换机的相同 VLAN 的配置方法

步骤 1 配置 PC1~PC4 的 IP 地址。在本任务中，将 4 台计算机设置于同一个网段中，网段地址拟为 192.168.1.0/24。由于拓扑结构不涉及路由器及网关，因此网关地址暂不配置。配置详情如图 2-21 ~ 图 2-24 所示。

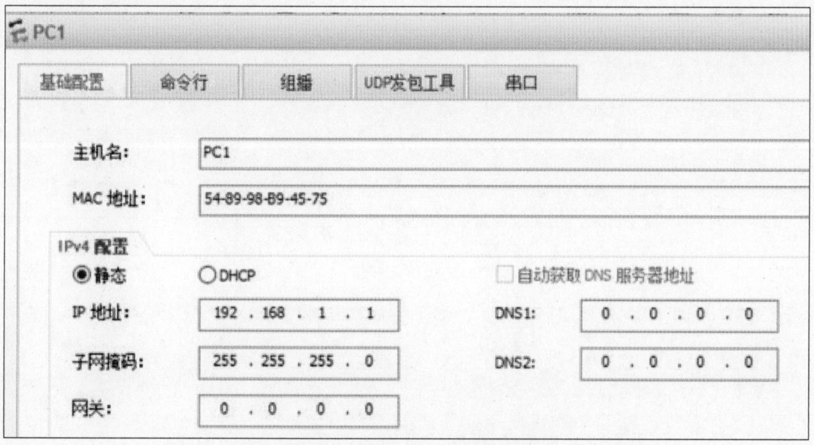

图 2-21　PC1 基本配置

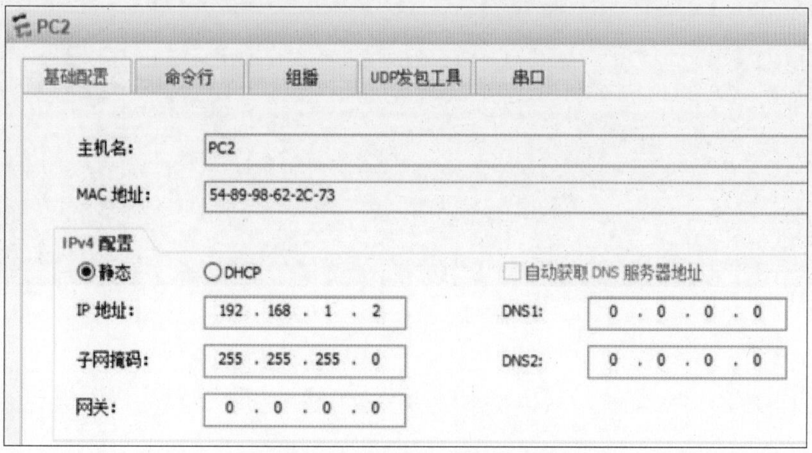

图 2-22　PC2 基本配置

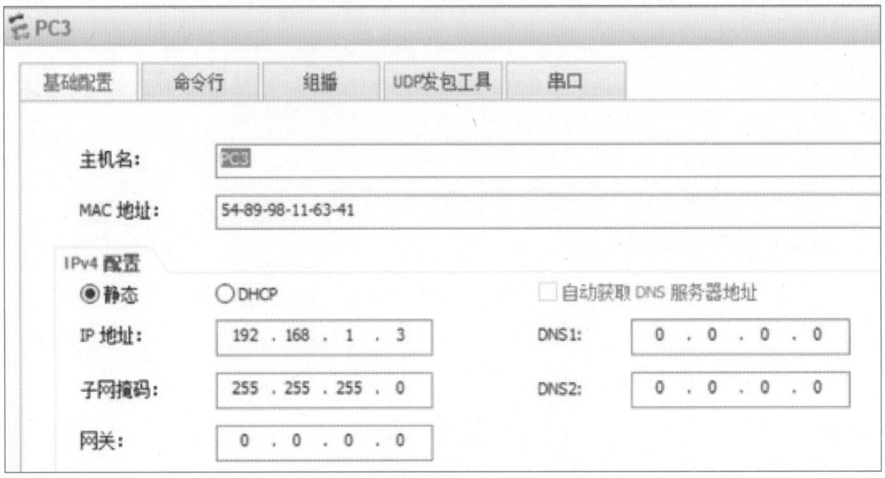

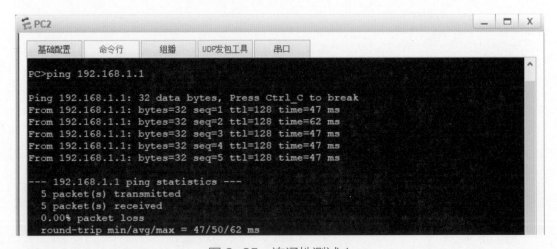

PC3
基础配置
命令行
组播
UDP发包工具
串口
主机名:
PC3
MAC 地址:
54-89-98-11-63-41
IPv4 配置
静态
DHCP
自动获取 DNS 服务器地址
IP 地址:
192 . 168 . 1 . 3
DNS1:
0 . 0 . 0 . 0
子网掩码:
255 . 255 . 255 . 0
DNS2:
0 . 0 . 0 . 0
网关:
0 . 0 . 0 . 0

图 2-23　PC3 基本配置

PC4
基础配置
命令行
组播
UDP发包工具
串口
主机名:
PC4
MAC 地址:
54-89-98-6F-78-D3
IPv4 配置
静态
DHCP
自动获取 DNS 服务器地址
IP 地址:
192 . 168 . 1 . 4
DNS1:
0 . 0 . 0 . 0
子网掩码:
255 . 255 . 255 . 0
DNS2:
0 . 0 . 0 . 0
网关:
0 . 0 . 0 . 0

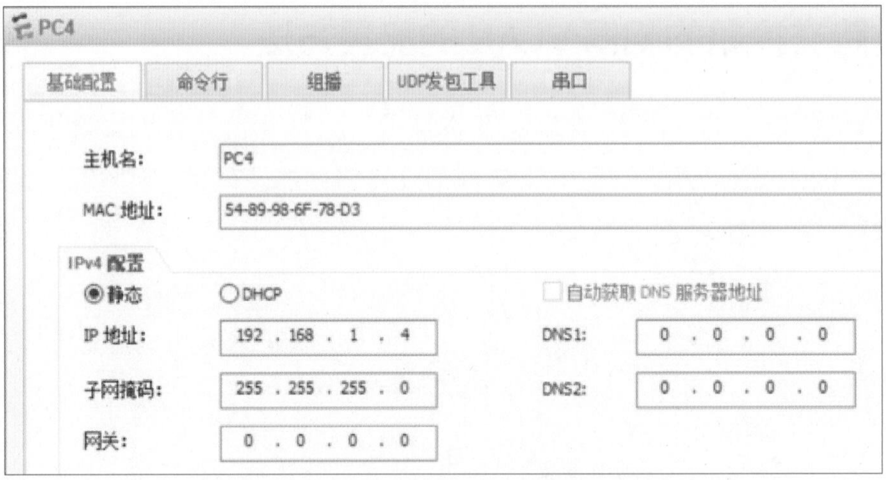

图 2-24　PC4 基本配置

步骤 2　在划分 VLAN 前测试连通性，如图 2-25、图 2-26 所示。

PC2
基础配置
命令行
组播
UDP发包工具
串口
PC>ping 192.168.1.1
Ping 192.168.1.1: 32 data bytes, Press Ctrl_C to break
From 192.168.1.1: bytes=32 seq=1 ttl=128 time=47 ms
From 192.168.1.1: bytes=32 seq=2 ttl=128 time=62 ms
From 192.168.1.1: bytes=32 seq=3 ttl=128 time=47 ms
From 192.168.1.1: bytes=32 seq=4 ttl=128 time=47 ms
From 192.168.1.1: bytes=32 seq=5 ttl=128 time=47 ms
--- 192.168.1.1 ping statistics ---
5 packet(s) transmitted
5 packet(s) received
0.00% packet loss
round-trip min/avg/max = 47/50/62 ms

图 2-25　连通性测试 1

由图 2-25 和图 2-26 可见，PC2 能和与同一个交换机相连的 PC1 连通，无法和与不同交换机相连的 PC3 连通。

图 2-26　连通性测试 2

步骤 3　配置交换机 LSW1：

```
<Huawei>system-view
[Huawei]sysname LSW1        //设备更名
[LSW1]vlan batch 1 2 3          //创建VLAN 1~VLAN 3
[LSW1]int g0/0/1
[LSW1-GigabitEthernet0/0/1]port link-type access
[LSW1-GigabitEthernet0/0/1]port default vlan 2
[LSW1-GigabitEthernet0/0/1]quit
[LSW1]int g0/0/2
[LSW1-GigabitEthernet0/0/2]port link-type access
[LSW1-GigabitEthernet0/0/2]port default vlan 1
[LSW1-GigabitEthernet0/0/2]quit
[LSW1]int g0/0/3
[LSW1-GigabitEthernet0/0/3]port link-type trunk
[LSW1-GigabitEthernet0/0/3]port trunk allow-pass vlan 1
[LSW1-GigabitEthernet0/0/3]return
<LSW1>save
The current configuration will be written to the device.
Are you sure to continue?[Y/N]y
```

步骤 4　配置交换机 LSW2：

```
<Huawei>system-view
[Huawei]sysname SW2
[SW2]vlan 3
[SW2-vlan3]quit
[SW2]int g0/0/2
[SW2-GigabitEthernet0/0/2]port link-type access
[SW2-GigabitEthernet0/0/2]port default vlan 1
[SW2-GigabitEthernet0/0/2]quit
```

```
[SW2]int g0/0/3
[SW2-GigabitEthernet0/0/3]port link-type access
[SW2-GigabitEthernet0/0/3]port default vlan 3
[SW2-GigabitEthernet0/0/1]port trunk allow-pass vlan 1
[SW2-GigabitEthernet0/0/1]return
[SW2-GigabitEthernet0/0/1]return
<SW2>save
The current configuration will be written to the device.
Are you sure to continue?[Y/N]y
```

步骤 5 再次测试连通性, 如图 2-27、图 2-28、图 2-29 所示。

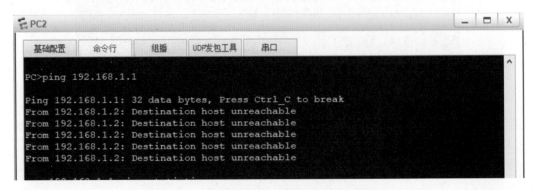

图 2-27 配置交换机后进行连通性测试 1

图 2-28 配置交换机后进行连通性测试 2

图 2-29 配置交换机后进行连通性测试 3

如图 2-27 和图 2-28 所示, PC2 与同处于相同 VLAN 但是跨交换机的 PC3 能够 ping 通, 与同处于同一个交换机下的不同 VLAN 的 PC1 无法连通, 与不同 VLAN 的跨交换机的 PC4 也无法连通。

至此, 实验成功, 任务完成。

网络设备安装与调试(华为版)

思考与实训

一、填空题

1. 交换机的交换方式主要有_____、_____和_____3 种。

2. 常用的交换机的配置管理方式有 Console 端口配置、_____、Web 方式配置、TFTP 方式配置和 SNMP 管理软件方式配置。

3. 交换机是常应用于_____拓扑结构的计算机网络设备。

4. 交换机是 OSI 参考模型中_____层的网络设备。

5. 交换机的_____交换技术是目前应用最广的局域网交换技术。

6. _____是交换机的重要功能，该功能可用来建立跨接不同物理局域网的逻辑局域网。

7. 交换机是根据_____的 MAC 地址来转发数据的。

8. 普通用户模式命令提示符为_____，特权模式提示符为_____，全局配置模式提示符为_____。

9. 用_____命令保存交换机的配置数据。

10. 交换机及路由器初始化配置采用_____方式。

11. 进入系统配置模式的命令是_____。

12. 进入线路配置模式的命令是_____。

13. VLAN 在交换机上的实现方法，可以大致划分为 4 种：_____、_____、_____和_____。

14. 使用普通端口级联交换机时，所使用的连接双绞线是_____。

15. 使用 Uplink 端口级联交换机时，所使用的连接双绞线是_____。

二、上机实训

1. 第一次使用交换机时，可通过华为 eNSP 搭建一台计算机与交换机通过 CTL 线路相连的拓扑图，通过 Console 端口登录交换机并设置初始登录密码为"AAA"。

2. 通过华为 eNSP 搭建拓扑、结构，要求包含 S3700 交换机一台、计算机一台，直连线一条，练习在用户模式、系统模式、VLAN 模式、AAA 模式之间切换，并在相应的模式下将设备更名为"L1"并保存。

3. 通过划分 VLAN 使同一个局域网内的两台计算机无法互相通信。

4. 根据图 2-30，按以下要求创建 3 个 VLAN。

VLAN 1：包括 PC1 和 PC3。

VLAN 2：包括 PC2 和 PC5。

VLAN 3：包括 PC4 和 PC6。

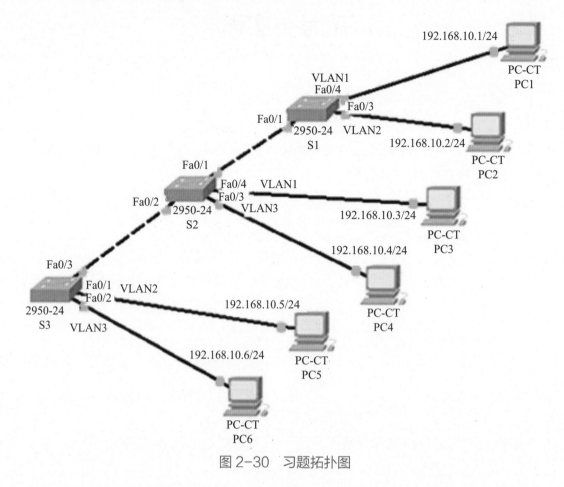

图 2-30 习题拓扑图

5. 对正在上实训课的两个班的学生进行网络分组管理，两个班的学生被混编在一个大机房中上实训课。由于计算机较多，因此该机房有两个交换机 SWITCH-1 和 SWITCH-2 级联。要求如下：

（1）班级 A 成员可以通过 SWITCH-1 和 SWITCH-2 进行内部通信。

（2）班级 B 成员也可以通过 SWITCH-1 和 SWITCH-2 进行内部通信。

（3）班级 A 与班级 B 成员不能直接通信。

模块 3

•••• 路由器的配置与应用

 路由器及其工作原理

任务描述

在成功完成了多个交换机任务后，项目经理拟安排小明尝试路由器项目。为更好地完成任务，小明需认真复习路由器的基础知识。接下来让我们和小明一起来了解并掌握路由器的相关知识。

任务清单

任务清单如表 3-1 所示。

表 3-1 路由器及其工作原理——任务清单

任务目标	【素质目标】 在本任务的学习中，融入华为在网络设备方面的市场优势，激发学生的民族自信心和自豪感。 【知识目标】 了解路由器的功能； 了解路由器的工作原理； 了解路由器的类型及华为路由器的经典型号。 【能力目标】 能够根据用户需求，选用合适的路由器设备； 能够根据网络特点，选择适用的路由器类型
任务重难点	【任务重点】 了解路由器的功能； 理解路由表的工作方式； 了解华为路由器的经典型号。 【任务难点】 理解路由表的工作方式

任务内容	1. 路由器的功能； 2. 路由表； 3. 路由器的种类
所需材料	为每人提供一台安装有华为 eNSP 的计算机
资源链接	微课、图例、PPT 课件、实训报告单

任务实施

路由器在网络互联中起着至关重要的作用，主要用于局域网与广域网的互联。全球最大的 Internet 就是由众多的路由器连接起来的计算机网络组成的，可以说，没有路由器就没有今天的互联网。

路由器在 OSI 参考模型中的网络层，负责数据交换与传输。在网络通信中，路由器还具有判断网络地址及选择 IP 路径的作用，可以用它在多个网络环境中构建灵活的连接系统，路由器通过不同的数据分组及介质访问方式对各个子网进行连接。

路由器的处理速度是网络通信的主要瓶颈之一，它的可靠性直接影响网络互联的质量。

3.1 路由器的功能

所谓"路由"，是指把数据从一个地方传送到另一个地方的行为和动作，而路由器正是执行这种操作的机器，它的英文名称为 Router，是一种连接多个网络或网段的网络设备，能够翻译不同网络或网段之间的数据信息，以使它们能够相互"读懂"对方的数据，从而构成一个更大的网络。

举例来讲，在日常生活中，郑州的张先生将包裹寄给济南的李先生，收件地址为山东省济南市历下区明湖路 x 号，包裹邮寄转发示意图如图 3-1 所示。

图 3-1 包裹邮寄转发示意图

通过邮局发送包裹时，不是只在标签上写收件的目的城市或乡镇街道的名称，而是按顺序写出省、地市、县/区、街道等。包裹先送到对方的省，再由省发到下面的地市，再到县/区、街道……这样就解决了包裹邮寄问题。

根据这个思路可以将整个网络人工分成许多相互连接的小网络，这些相互连接的小网络还可以根据需要再进一步分成一些子网络。然后，让这些小网络相互记住它们的位置，那么由谁来记住呢？由路由器来负责。并且，由于网络结构随时会发生变化，路由器还需要跟踪这些变化。

简单来说，路由器的工作是记住和跟踪其他网络的情况，并指示本网络的信息如何到达另一个网络，路由器就是用信息寻找目的节点的工具，是信息在网络传输中的"导航仪"。路由器主要有以下几个功能。

第一，网络互联。路由器支持各种局域网和广域网端口，主要用于互联局域网和广域网，实现不同网络之间互相通信；

第二，数据处理。提供包括分组过滤、分组转发、优先级指定、复用、加密、压缩和防火墙等功能；

第三，网络管理。路由器提供包括配置管理、性能管理、容错管理和流量控制等功能。

3.2　路由表

为了完成"路由"的工作，在路由器中保存着各种传输路径的相关数据，这就是路由表（Routing Table）。路由表中保存着子网的标志信息、网上路由器的个数和下一个路由器的名字等内容。路由表可以是由系统管理员设置好的，可以由系统动态修改，可以由路由器自动调整，也可以由主机控制。

路由器工作时根据路由表进行数据的转发。路由表就像一张地图，包含着去往各个目的网络的路径信息（路由条目），每条信息至少应该包含以下内容。

（1）目的网络：指明路由器可以到达的网络。

（2）下一跳：通常情况下，下一跳一般指向去往目的网络的下一个路由器的端口地址，该路由器称为下一跳路由器，如图 3-2 所示。

AR1　　　　　　　AR2　　　　　　　AR3

图 3-2　下一跳路由器示意图

在图 3-2 中，假设 AR1 为源地址，AR3 为目的地，则 AR2 是 AR1 路由的"下一跳"路由器。

（3）出端口：表明数据包从本路由器的哪个端口发出去。

图 3-3 为真实情景下的路由表。

路由器根据路由表进行选路，路由表中记录着发往不同网络的数据所对应的转发路径，如表 3-2 所示。到达目的网络 201.89.1.0 的数据包，需通过 IP 地址为 10.123.1.254 的下一跳路由器进行转发。

路由器收到数据包后，先检查其目的 IP 地址，然后在路由表中查找通往目的网络的最佳路径，最后根据查找结果进行不同处理。如果找到目的网络，就从指示的下一跳 IP 地址或送出端口将数据包转发出去；如果没有找到目的网络但有默认路由，就从默认路由指示的下一跳 IP 地址或送出端口将数据包转发出去；否则，路由器将数据包丢弃。

```
<Huawei>system-view
Enter system view, return user view with Ctrl+Z.
[Huawei]display ip routing-table
Route Flags: R - relay, D - download to fib
------------------------------------------------------------------------------
Routing Tables: Public
         Destinations : 11       Routes : 11

Destination/Mask    Proto   Pre  Cost      Flags NextHop        Interface

        0.0.0.0/0   Static  60   0         RD    192.168.3.1    GigabitEthernet
0/0/1
     127.0.0.0/8    Direct  0    0         D     127.0.0.1      InLoopBack0
     127.0.0.1/32   Direct  0    0         D     127.0.0.1      InLoopBack0
127.255.255.255/32  Direct  0    0         D     127.0.0.1      InLoopBack0
    192.168.2.0/24  Direct  0    0         D     192.168.2.1    GigabitEthernet
0/0/0
    192.168.2.1/32  Direct  0    0         D     127.0.0.1      GigabitEthernet
0/0/0
  192.168.2.255/32  Direct  0    0         D     127.0.0.1      GigabitEthernet
0/0/0
    192.168.3.0/24  Direct  0    0         D     192.168.3.2    GigabitEthernet
0/0/1
    192.168.3.2/32  Direct  0    0         D     127.0.0.1      GigabitEthernet
0/0/1
  192.168.3.255/32  Direct  0    0         D     127.0.0.1      GigabitEthernet
0/0/1
255.255.255.255/32  Direct  0    0         D     127.0.0.1      InLoopBack0
```

图 3-3　路由表

表 3-2　路由表所记录的数据

目 的 网 络	下 一 跳
201.89.1.0	10.123.1.254
100.1.0.0	202.100.100.1
……	……

　　路由表仅指定到达目的网络的下一条路径，而不是到达目的网络的完整路径。路由表至少包含以下两项内容：

　　（1）目的网络地址。

　　（2）到达目的路径上的"下一个"路由器的端口 IP 地址或送出端口。

　　在了解了路由表之后，接下来我们通过一个实例来加深对路由过程的理解。

　　根据路由器在路由过程中构建路由表的不同方式，可将路由分为三种方式，即直连路由、静态路由和动态路由。

1. 直连路由

　　直连路由是指与路由器直连的网段的路由条目，如图 3-4 所示。对于路由器 RTB 来说，有两个网络指向本地，即 10.0.0.0/24 与 20.1.1.0/24。这种情况下，RTB 路由器会自动生成路由。

　　直连路由不需要特别配置，只需要在路由器端口上设置 IP 地址，然后由数据链路层发现即可。

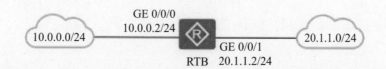

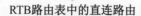

RTB路由表中的直连路由

目的网络	来源	下一跳	出端口
10.0.0.0/24	直连	10.0.0.2	GE0/0/0
20.1.1.0/24	直连	20.1.1.2	GE0/0/1

图 3-4　直连路由示意图

2. 静态路由

静态路由，即到达目的网络的路由是固定不变的。静态路由是由网络管理员手动建立和维护的，不会自动随着网络结构的变化而变化，必须手动进行更新和维护。静态路由适用于网络拓扑结构相对稳定的小型网络。

（1）优点：安全可靠、简单直观，路由器开销少。

（2）缺点：不适用于复杂的网络结构；建立和维护工作量大，容易出现路由环路；当网络出现故障时，静态路由不会自动更新。

在静态路由中，有一种特殊的路由形式叫作默认路由。默认路由指的是当路由表中没有与数据包的目的地址匹配的表项时，路由器默认做出的路由选择。如果没有默认路由，那么目的地址在路由表中没有匹配表项的包将被丢弃。当存在末梢网络时，默认路由会大大简化路由器的配置，减轻网络管理员的工作负担，提高网络性能。

3. 动态路由

动态路由，即到达目的网络的路由是可变的。动态路由适用于拓扑结构复杂、网络规模庞大、网络结构经常变化的网络。

（1）优点：路由器有更多的自主性和灵活性。

（2）缺点：计算最优路径时占用路由器的内存和 CPU 资源，路由器之间传送路由信息时占用通信带宽。

在实际应用中，可以同时设置静态路由和动态路由。其中，静态路由的优先级高于动态路由，即当同时存在到达同一个目的网络的动态路由与静态路由时，首选静态路由。

3.3　路由器的种类

路由器种类繁多，按网络构成方式可分为接入层路由器、汇聚层路由器和核心层路由器。按照外观可分为盒式路由器和框式路由器。

华为是主流路由器厂商，其产品种类丰富、性能出色、功能强大、可靠性高、安全性强、易用性好，能够满足不同用户的需求，能够为用户提供快速、稳定、安全的网络连接和数据传输。

1. 盒式路由器

华为 AR 1200 系列路由器，属于盒式路由器，如图 3-5 所示。AR 系列路由器采用多核 CPU、无阻塞交换架构，融合 Wi-Fi、语音安全等多种业务，具有灵活的扩展性，可以为用户提供 all-in-One 的灵活组网能力。

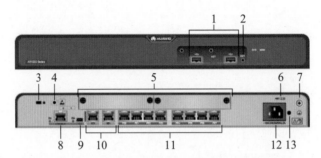

图 3-5 华为 AR 1200 系列交换机的外观

华为 AR 1200 系列路由器外观说明详见表 3-3。

表 3-3 华为 AR 1200 系列路由器外观说明

编 号	解 释	说 明
1	两个 USB 端口	插入 3G USB modem 时，建议安装 USB 塑料保护罩（选配）对它进行防护。USB 端口上方的两个螺钉孔用来固定 USB 塑料保护罩
2	RST 按钮	复位按钮，用于手工复位设备。复位设备会导致业务中断
3	防盗锁孔	—
4	ESD 插孔	对设备进行维护操作时，需要佩戴防静电腕带，防静电腕带的一端要插在 ESD 插孔里
5	两个 SIC 槽位	使用接地线缆将设备可靠接地，防雷、防干扰
6	产品型号丝印	—
7	接地点	—
8	CON/AUX 端口	AR 1220-AC 不支持 AUX 功能
9	MiniUSB 端口	MiniUSB 端口和 Console 端口只能使能一个端口
10	WAN 端口：两个 GE 电端口	GE0 端口是设备的管理网口，用来升级设备
11	LAN 端口：8 个 FE 电端口	对于 V200R007C00 及以后的版本，支持全部 FE LAN 端口切换成 WAN 端口
12	交流电源线端口	使用交流电源线缆将设备连接到外部电源
13	电源线防松脱卡扣安装孔	电源线防松脱卡扣用来绑定电源线，防止电源线松脱

2. 框式路由器

华为 NetEngine 8000 系列路由器，属于框式路由器，如图 3-6 所示。它是基于 VRP 路由平台，专注于城域以太网业务的接入、汇聚和传送的高端以太网网络产品。

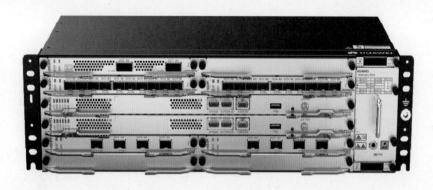

图 3-6   华为 NetEngine 8000 M8 框式路由器的外观

NetEngine 8000 M8 框式路由器具有以下优点。

（1）大容量。整机交换容量最大为 1.2Tbit/s，可平滑演进到 21.2Tbit/s，以满足未来流量增长需求。

（2）体积相对较小。其机箱深度为 220mm，部署灵活，功耗低。紧凑设计可节省机房空间，易安装于 30mm 机柜中。

（3）可靠性强。能够通过关键组件控制、转发数据，以及通过电源冗余备份，保障网络运行的可靠性。

（4）可扩展性强。EVPN 通过扩展 BGP，使二层网络间的 MAC 地址学习和发布过程从数据平面转移到控制平面。支持负载分担，减少网络拥塞。

任务 ⑫   路由器的基本管理

 任务描述

某公司前期已为各个部门组建局域网，因业务发展，需要在现有基础上组建全公司的局域网。该公司通过华兴网络集成公司购置了一批华为路由器，接下来需要通过路由器的 Console 端口连接，完成路由器的配置、管理任务。在运维过程中，通过 Console 端口登录必须在设备现场才能进行，企业希望工程师能简单、方便地对设备进行远程管理，而 Telnet 登录可以满足这个需求。华兴公司决定派小明去实施该任务。为保证任务顺利完成，小明在实施任务前通过 eNSP 搭建拓扑结构（如图 3-7 所示），提前模拟练习该任务。在本案例中，小明通过 Console 端口搭建 Telnet 登录环境，先后配置密码认证方式和 AAA 认证方式，并进行登录测试。

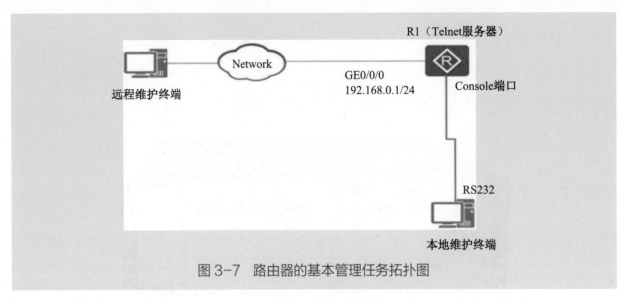

图 3-7　路由器的基本管理任务拓扑图

任务清单

任务清单如表 3-4 所示。

表 3-4　路由器的基本管理——任务清单

任务目标	【素质目标】 　　在本任务的学习中，融入华为在网络设备方面的市场优势，激发学生的民族自信心和自豪感；通过设备管理的实训，培养学生严谨、负责的职业精神与素养。 【知识目标】 　　掌握路由器 Console 端口连接、登录及密码设置的方法； 　　掌握为路由器端口配置 IP 地址的方法； 　　了解为路由器添加模块和路由器连接互联网的方法； 　　掌握路由器远程登录的方法。 【能力目标】 　　能够通过 Console 端口设置登录密码； 　　能够配置端口的 IP 地址； 　　能够通过互联网远程登录并管理路由器
任务重难点	【任务重点】 　　掌握路由器 Console 端口连接、登录及密码设置的方法； 　　掌握为路由器端口配置 IP 地址的方法。 【任务难点】 　　路由器 Console 端口连接、登录及密码设置的方法
任务内容	1. 为路由器添加模块； 2. Console 端口登录管理； 3. 端口 IP 地址的配置； 4. 使用 Web 方式进行远程登录管理
所需材料	为每人提供一台安装了华为 eNSP 的计算机
资源链接	微课、图例、PPT 课件、实训报告单

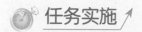

3.4 Console 端口登录管理

步骤1 连接路由器 Console 端口。

在实际应用中，将 Console 端口通信电缆的 DB9（孔）插头插入计算机的串口（COM），再将 RJ-45 插头插入设备的 Console 端口，如图 3-8 所示。

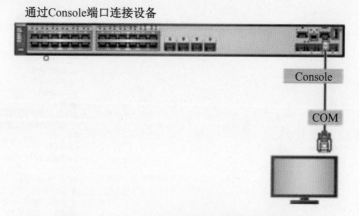

图 3-8　Console 端口线缆连接示意图

073

说明：如果维护终端（计算机端）上没有 DB9 串口，则可单独购买一根 USB 转 DB9（公头螺母）的转接线，将 Console 端口线缆的 DB9（孔）插头与转接线的 DB9（公头螺母）相连，将 USB 口连接到维护终端。

在华为 eNSP 中，路由器和计算机的端口类型体现得不明显，直接使用 CTL 线路连接计算机与路由器即可，如图 3-9、图 3-10 所示。

图 3-9　Console 端口线缆连接示意图 1　　　　图 3-10　Console 端口线缆连接示意图 2

在连接路由器与计算机时，会自动出现 Console 端口与 RS232 端口，直接单击连接即可，如图 3-11 所示。

步骤 2　在计算机上选择"我的电脑"，单击鼠标右键并在弹出的快捷菜单中选择"属性"命令，打开设备管理器，展开"端口"选项，确认计算机串口名称，如图 3-12 所示。

图 3-11　Console 端口线缆连接示意图 3　　　　　　图 3-12　查看串口名称

步骤 3　在计算机上打开终端仿真软件，新建连接，设置连接的端口及通信参数。此处使用第三方软件 PuTTY 进行介绍。

（1）PuTTY 会话基本设置，如图 3-13 所示。

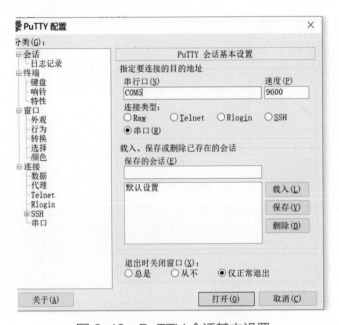

图 3-13　PuTTY 会话基本设置

（2）按键效果设置，如图 3-14 所示。

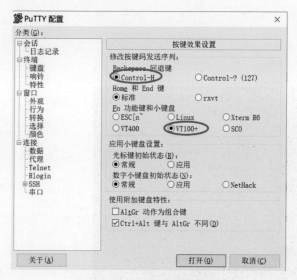

图 3-14　按键效果设置

（3）本地串口设置。使终端软件的通信参数与设备的默认值保持一致，其中，速度/波特率为 9 600bit/s、8 位数据位、1 位停止位、无校验和无流控，如图 3-15 所示。

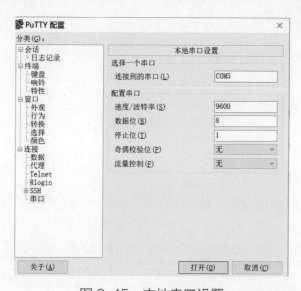

图 3-15　本地串口设置

说明：对于步骤 2 和步骤 3，在华为 eNSP 中，只需双击计算机图标，选择"串口"选项卡，如图 3-16 所示。

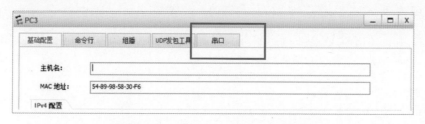

图 3-16　华为 eNSP 的串口连接

模块 3　路由器的配置与应用

单击"连接"按钮，通过 Console 端口登录，如图 3-17 所示。若命令行中出现用户模式提示符<Huawei>，则表示登录成功。

图 3-17   通过路由器 Console 端口登录

3.5   配置登录密码

步骤1   通过本地维护终端连接路由器 Console 端口，进入路由器系统。
```
<Huawei>system-view
```
步骤2   更改设备名称为"R1"。
```
[Huawei]sysname R1              //更改设备名
```
步骤3   进入用户界面视图 Console0，配置 Console 端口认证方式为"password"，并设置密码为"huawei123"。
```
[SW1]user-interface con 0
                        //进入用户界面视图Console0
[SW1-ui-console0]authentication-mode password
                        //配置认证方式为password
[SW1-ui-console0]set authentication password cipher huawei123
                        //设置密码为huawei123
```
步骤4   重新进行 Console 端口登录，登录时系统会提示输入密码。输入正确的密码"huawei123"，可成功登录。

步骤5   再次进入用户界面视图 Console0，配置 Console 端口认证方式为"aaa"，并在 AAA 视图下配置用于 Console 端口登录的用户名和密码，本例中用户名为"huawei"，密码为"huawei123"。
```
<SW1> system-view
[SW1] user-interface console 0
[SW1-ui-console0] authentication-mode aaa      //进入AAA视图
[SW1-ui-console0] quit
```

```
[SW1] aaa
[SW1-aaa] local-user R1 password irreversible-cipher huawei123
[SW1-aaa] local-user R1 privilege level 15
[SW1-aaa] local-user R1 service-type terminal
```

步骤6 重新进行 Console 端口登录，登录时系统会提示输入用户名和密码。输入正确的用户名 "huawei" 和密码 "huawei123"，可成功登录。

3.6 端口 IP 地址的配置

在本实验中，PC1 是用来远程登录路由器的。接下来进行路由器和 PC1 的端口 IP 地址设置。配置清单如表 3-5 所示。

表 3-5 配置清单

设 备 名	端 口	IP 地址/子网掩码	网 关
R1	GE 0/0/0	192.168.0.1/24	无
PC1	Ethernet 0/0/1	192.168.0.254/24	192.168.0.1

路由器的配置如下：
```
<Huawei>system-view                      //进入系统模式
[Huawei]sysname R1                       //将设备更名为R1
[R1]interface g0/0/0                      //进入端口模式
[R1-GigabitEthernet0/0/0]ip address 192.168.0.1 255.255.255.0
```
PC1 的配置如图 3-18 所示。

图 3-18 PC1 的配置

3.7 Telnet 登录管理

步骤1 配置密码方式的 Telnet 登录环境，并进行登录测试。

（1）配置 Telnet 最大登录数目（该数目在不同版本和不同形态间有差异，具体以设备为准，默认情况下 Telnet 用户最大登录数目为 5）。

```
[R1]user-interface maximum-vty 15
```

（2）进入 VTY 用户界面视图，设置验证方式为密码方式，并设置密码为"huawei123"。

```
[R1]user-interface vty 0 14
[R1-ui-vty0-14]authentication-mode password
Please configure the login password (maximum length 16):huawei123//
```
设置密码为 huawei123

或

```
[R1]user-interface vty 0 14
[R1-ui-vty0-14]authentication-mode password
[R1-ui-vty0-14] set authentication password cipher huawei123
```

（3）设置用户级别为 level 0，VTY 用户界面支持 Telnet 协议。

```
[R1-ui-vty0-14]protocol inbound telnet
[R1-ui-vty0-14]user privilege level 0
```

（4）在远程维护终端命令提示符下执行"telnet 192.168.0.1"命令，输入正确的用户名和密码后可成功登录（注意输入密码时，光标不会跟着输入移动）。

```
[R1] aaa
[R1-aaa] local-user huawei password cipher huawei123 [R1-aaa]
local-user huawei privilege level 0
[R1-aaa] local-user huawei service-type telnet
```

步骤2 配置 AAA 本地认证方式的 Telnet 登录环境，并进行登录测试。

（1）在 AAA 视图下配置用于 Telnet 登录的本地用户，用户名为"huawei"，密码为"huawei123"，用户级别为 level 0。

（2）在 VTY 用户界面视图下配置认证方式为 AAA。

（3）在远程维护终端打开第三方软件（如 PuTTY），进行键盘设置和会话设置。在进行键盘设置时，选择"Backspace 回退键"的组合键为"Control-H"，选择"Fn 功能键和小键盘"为"VT100+"，如图 3-19 所示。

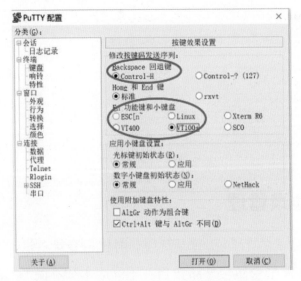

图 3-19 使用 PuTTY 进行键盘设置

在指定位置输入主机名或 IP 地址，选择连接类型为 Telnet，如图 3-20 所示。

图 3-20　使用 PuTTY 进行会话设置

单击"打开"按钮，弹出登录命令行窗口，输入用户名"huawei"和密码"huawei123"后即可成功登录，如图 3-21 所示。

079

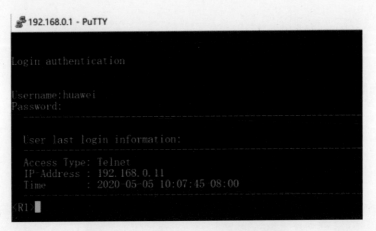

图 3-21　输入用户名和密码登录

 任务⑬ **使用路由器实现两个网段的互联**

任务描述

　　某公司前期已为各个部门组建局域网，因业务发展需要，在现有基础上需要组建全公司的局域网。该公司通过华兴网络集成公司购置了一批华为路由器，拟将不同部门的局域网接入公司局域网。该项目由小明负责实施，小明在实施任务前通过 eNSP 搭建拓扑结构，加以练习。

📋 **任务清单** ↗

任务清单如表 3-6 所示。

表 3-6　使用路由器实现两个网段的互联——任务清单

任务目标	【素质目标】 　在本任务的学习中，通过分析网络环境与模拟实施，培养学生的职业素养与爱岗敬业的精神。 【知识目标】 　掌握静态路由器的配置方法； 　掌握默认路由的配置方法； 【能力目标】 　能够通过不同的路由方式配置由两台路由器组成的网络
任务重难点	【任务重点】 　静态路由器的配置方法。 【任务难点】 　使用静态路由的方式完成两个路由器的配置
任务内容	使用静态路由的方式完成两个路由器的配置
所需材料	为每人提供一台安装了华为 eNSP 的计算机
资源链接	微课、图例、PPT 课件、实训报告单

⏱ **任务实施** ↗

3.8　使用静态路由的方式完成两个路由器的配置

步骤 1　利用 eNSP 搭建模拟环境，添加网络设备，如图 3-22 所示。

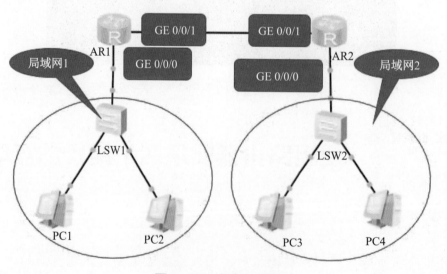

图 3-22　任务示意图

这是在上一个项目利用星型结构搭建局域网的基础上，使用路由器拓展连接两个局域网。本例选用 eNSP 环境中的 AR2240 路由器。

对局域网1与局域网2分别设计两个网段。在本例中,局域网1的网段为192.168.1.0/24,局域网2的网段为 192.168.2.0/24。

基于此网段划分,局域网1路由器 AR1 的内端口(网关)的 IP 地址为 192.168.1.1/24,局域网2路由器 AR2 的内端口(网关)的 IP 地址为 192.168.2.1/24。

路由器 AR1 与 AR2 的外端口直连,并放置于统一网段内,本案例使用 192.168.3.0/24 网段。将 AR1 外端口的 IP 地址设为 192.168.3.1/24,将 AR2 外端口的 IP 地址设为 192.168.3.2/24。

步骤2　配置客户端 PC1～PC4 的 IP 地址与网关地址,如图 3-23～图 3-26 所示。

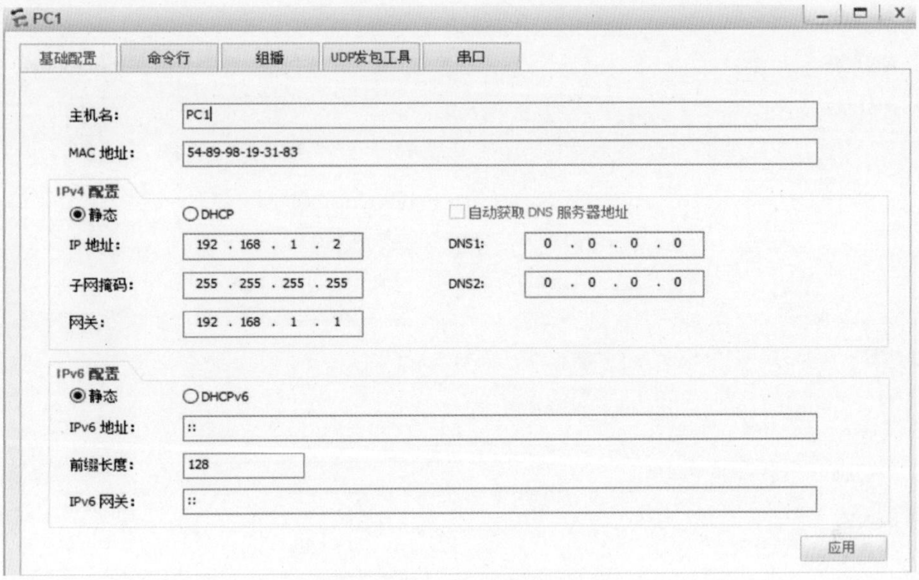

图 3-23　PC1 参数配置

图 3-24　PC2 参数配置

图 3-25　PC3 参数配置

图 3-26　PC4 参数配置

步骤 3　在没有配置路由器之前进行连通性测试。通过测试发现同一个局域网内的两台计算机能两两互通，但是跨局域网的计算机之间无法连通，如图 3-27、图 3-28 所示。

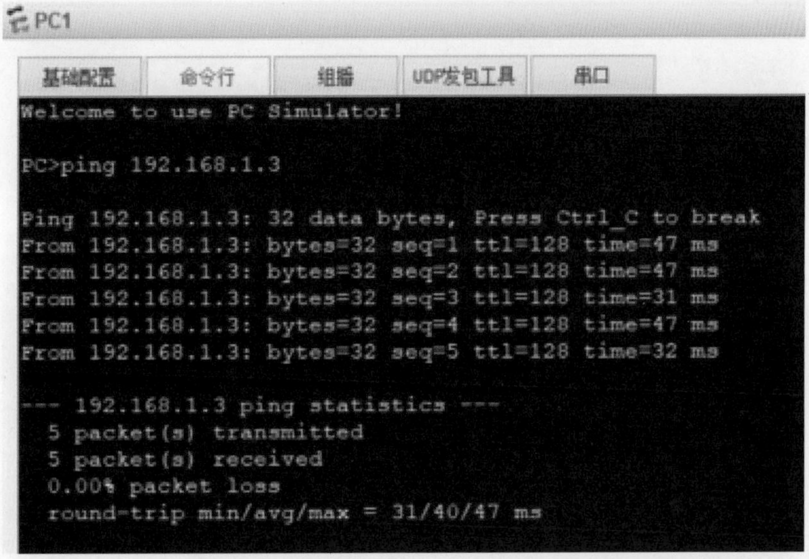

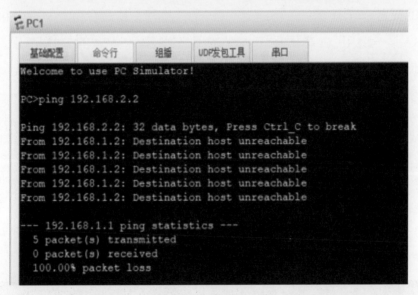

图 3-27 同局域网内的 PC1 与 PC2 能够连通

图 3-28 跨局域网的 PC1 与 PC3 无法连通

步骤 4 配置路由器的端口 IP 地址。以 AR1 路由器为例。

（1）进入系统视图。

```
<Huawei>system-view
```

（2）配置网关（GE 0/0/0）的 IP 地址与子网掩码，配置结果如图 3-29 所示。

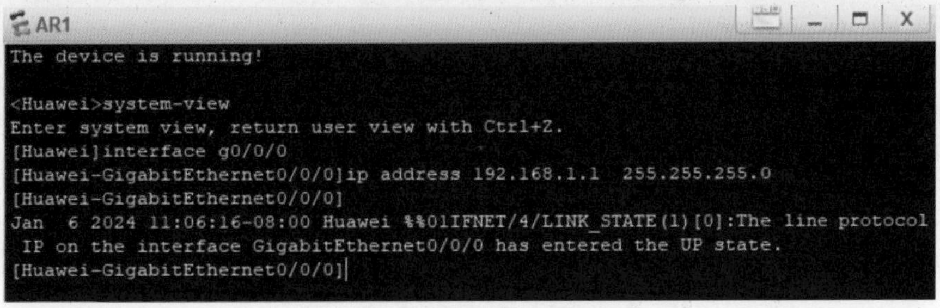

图 3-29 网关配置

```
[Huawei]interface g0/0/0   //进入端口视图
[Huawei-GigabitEthernet0/0/0]ip address 192.168.1.1 255.255.255.0
```

（3）返回上一层系统视图。

```
[Huawei-GigabitEthernet0/0/0]quit
```

（4）进入外端口（GE 0/0/1）并配置 IP 地址与子网掩码。

```
[Huawei]interface g0/0/1
[Huawei-GigabitEthernet0/0/1]ip address 192.168.3.1 255.255.255.0
```

（5）返回并保存配置。

```
[Huawei-GigabitEthernet0/0/1]return
<Huawei>save
```

路由器 AR2 的配置方法与 AR1 的配置方法相同，这里不再赘述。

步骤 5 配置默认路由。在本案例中，AR1 与 AR2 直接相连，除此之外再无其他路由器的连接，所以采用默认路由的方式。

默认路由的配置非常简单，只需指定"下一跳"即可。其命令的格式为"ip route-sataic 0.0.0.0 0.0.0.0 下一跳 IP"。本案例中 AR1 的下一跳 IP 为 AR2 的外端口 IP。同理，AR2 的下一跳 IP 为 AR1 外端口的 IP。

以 AR1 为例：

```
<Huawei>system-view
[Huawei]ip route-static  0.0.0.0  0.0.0.0  192.168.3.2
  [Huawei]return
<Huawei>save
```

AR2 的路由配置方法同 AR1 的路由配置方法，这里不再赘述。

步骤 6 验证路由。在路由表中，查看当前的静态路由配置，如图 3-30 所示。

```
<huawei>display ip routing-table
```

```
<Huawei>display ip routing-table
Route Flags: R - relay, D - download to fib
------------------------------------------------------------------------------
Routing Tables: Public
         Destinations : 11       Routes : 11

Destination/Mask    Proto   Pre  Cost      Flags NextHop         Interface

        0.0.0.0/0   Static  60   0           RD   192.168.3.2     GigabitEthernet
0/0/1
      127.0.0.0/8   Direct  0    0           D   127.0.0.1       InLoopBack0
      127.0.0.1/32  Direct  0    0           D   127.0.0.1       InLoopBack0
127.255.255.255/32  Direct  0    0           D   127.0.0.1       InLoopBack0
    192.168.1.0/24  Direct  0    0           D   192.168.1.1     GigabitEthernet
0/0/0
    192.168.1.1/32  Direct  0    0           D   127.0.0.1       GigabitEthernet
0/0/0
  192.168.1.255/32  Direct  0    0           D   127.0.0.1       GigabitEthernet
0/0/0
    192.168.3.0/24  Direct  0    0           D   192.168.3.1     GigabitEthernet
0/0/1
    192.168.3.1/32  Direct  0    0           D   127.0.0.1       GigabitEthernet
0/0/1
  192.168.3.255/32  Direct  0    0           D   127.0.0.1       GigabitEthernet
0/0/1
255.255.255.255/32  Direct  0    0           D   127.0.0.1       InLoopBack0
```

图 3-30　当前的静态路由配置

步骤 7 再次测试连通性。通过测试知道，配置路由后不仅局域网内的计算机可以连通，跨局域网的计算机也可以连通，如图 3-31 所示。

至此，任务完成。

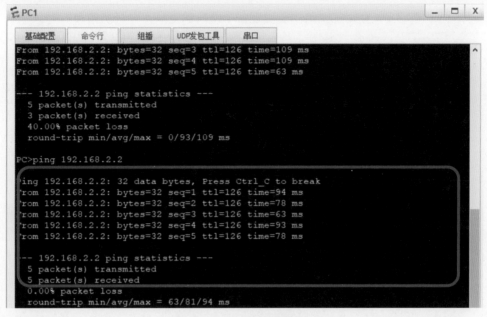

图 3-31　连通性测试

任务⑭ 使用三个路由器实现多个网段的互联

 **任务描述**

　　华兴网络公司最近承接了一个项目，帮助 A 公司部署网络，由小明负责路由器的配置。现在 A 公司有一个总部与两个分支机构。其中，R1 为总部路由器，R2 与 R3 为分支机构的路由器，总部与分支机构间通过以太网实现互联，并且当前公司网络中没有配置任何路由协议。拓扑结构如图 3-32 所示。小明该如何实施该项目呢？

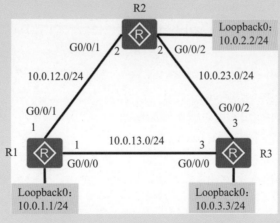

图 3-32　任务 14 拓扑结构

任务清单

任务清单如表 3-7 所示。

表 3-7　使用三个路由器实现多个网段的互联——任务清单

任务目标	【素质目标】 　在本任务的学习中，通过分析网络环境与模拟实施，培养学生的职业素养与爱岗敬业的精神。 【知识目标】 　掌握静态路由器的配置方法； 　掌握默认路由的配置方法。 【能力目标】 　能够通过不同的路由方式配置由三台路由器组成的跨网段网络
任务重难点	【任务重点】 　静态路由器的配置方法。 【任务难点】 　使用静态路由的方式完成三个路由器的配置
任务内容	使用静态路由的方式完成三个路由器的配置
所需材料	为每人提供一台安装了华为 eNSP 的计算机
资源链接	微课、图例、PPT 课件、实训报告单

任务实施

3.9　使用静态路由的方式完成三个路由器的配置

在配置静态路由时，需要指定目的地 IP、目的地子网掩码，以及下一跳 IP。其命令的格式为"ip route-sataic 目的地 IP　目的地子网掩码 下一跳 IP"。结合本案例配置如下。

步骤 1　基础配置和 IP 编址。

在 R1、R2 和 R3 上配置设备名称和 IP 地址。

```
<Huawei>system-view
Enter system view, return user view with Ctrl+Z. [Huawei]sysname R1
[R1]interface GigabitEthernet 0/0/0
[R1-GigabitEthernet0/0/0]ip address 10.0.13.1 24
[R1-GigabitEthernet0/0/0]quit
[R1]interface GigabitEthernet 0/0/1
[R1-GigabitEthernet0/0/1]ip address 10.0.12.1 24
[R1-GigabitEthernet0/0/1]quit
[R1]interface LoopBack 0
```

```
[R1-LoopBack0]ip address 10.0.1.1 24
```

执行 display current-configuration 命令，检查配置情况。

执行 ping 命令，检测 R1 与其他设备间的连通性。

```
<R1>ping 10.0.12.2
```

执行 ping 命令，检测 R2 与其他设备间的连通性。

```
<R2>ping 10.0.23.3
```

步骤2 测试 R2 到目的网络 10.0.13.0/24、10.0.3.0/24 的连通性。

R2 如果要与 10.0.3.0/24 进行网络通信，R2 上需要有去往该网段的路由信息，并且 R3 上也需要有到 R2 相应端口所在 IP 网段的路由信息。

检测结果表明，R2 不能与 10.0.3.3 和 10.0.13.3 进行网络通信。

执行 display ip routing-table 命令，查看 R2 上的路由表。可以发现路由表中没有到这两个网段的路由信息。

步骤3 在 R2 上配置静态路由。

配置目的地址为 10.0.13.0/24 和 10.0.3.0/24 的静态路由，将路由的下一跳配置为 R3 的 G0/0/0 端口 IP 地址 10.0.23.3。默认静态路由优先级为 60，无须额外配置路由优先级信息。

```
[R2]ip route-static 10.0.13.0 24 10.0.23.3
[R2]ip route-static 10.0.3.0 24 10.0.23.3
```

注意：在 ip route-static 命令中，24 代表子网掩码长度，也可以写成完整的掩码形式，如 255.255.255.0。

步骤4 配置备份静态路由。

R2 与网络 10.0.13.3 和 10.0.3.3 之间交互的数据通过 R2 与 R3 间的链路传输。如果 R2 和 R3 间的链路发生故障，R2 将不能与网络 10.0.13.3 和 10.0.3.3 通信。

但是根据拓扑结构可以看出，当 R2 和 R3 间的链路发生故障时，R2 还可以通过 R1 与 R3 通信。所以，可以通过配置一条备份静态路由应对链路故障。在正常情况下，不使用备份静态路由。当 R2 和 R3 间的链路发生故障时，才使用备份静态路由传输数据。

在配置备份静态路由时，需要修改备份静态路由的优先级，确保只有主链路发生故障才使用备份静态路由。在本任务中，需要将备份静态路由的优先级修改为 80。

```
[R1]ip route-static 10.0.3.0 24 10.0.13.3
[R2]ip route-static 10.0.13.0 255.255.255.0 10.0.12.1 preference 80
[R2]ip route-static 10.0.3.0 24 10.0.12.1 preference 80
[R3]ip route-static 10.0.12.0 24 10.0.13.1
```

步骤5 验证静态路由。

在 R2 的路由表中，查看当前的静态路由配置。

```
<R2>display ip routing-table
```

路由表中包含两条静态路由，其中，Protocol 字段的值是 Static，表明该路由是静态路由；Preference 字段的值是 60，表明该路由使用的是默认优先级。

087

当 R2 和 R3 之间的链路正常时,R2 与网络 10.0.13.3 和 10.0.3.3 之间交互的数据通过 R2 与 R3 间的链路传输。执行 tracert 命令,可以查看数据的传输路径。

```
<R2>tracert 10.0.13.3
    traceroute to 10.0.13.3(10.0.13.3), max hops: 30,packet
length:40,
press CTRL_C to break
    1 10.0.23.3 40 ms 31 ms 30 ms


<R2>tracert 10.0.3
    traceroute to 10.0.3.3(10.0.3.3), max hops: 30 ,packet length:40,
press CTRL_C to break
1 10.0.23.3 40 ms 30 ms 30 mse
```

命令的回显信息证实 R2 将数据直接发送给了 R3,未经过其他设备。

步骤 6 验证备份静态路由。

关闭 R2 上的 G0/0/2 端口,人为使 R2 与 R3 间的链路发生故障,之后查看 IP 路由表的变化。

```
[R2]interface GigabitEthernet0/0/2
[R2-GigabitEthernet0/0/2]shutdown
[R2-GigabitEthernet0/0/2]quit
```

注意与关闭端口之前的路由表情况做对比。

```
<R2>display ip routing tble
Route Flags: R- relay, D - download to fb
-------------------------------------------------
Routing Tables: Publice
        Destinabions : 12      Routes: 12

DestnationuMask    Proto   Pre Cost Flags NextHop       Interface
10.0.2.0/24-       Direct  0   0     D    10.0222       LoopBack0
10.0.2.2/32        Direct  0   0     D    127.0.0.1     LoopBackD0
10.0.2.255/32      Direct  0   0     D    127.0.0.1     LoopBack0
10.0.3.0/24        Statice 80  0     RD   10.0.12.1     GigabitEthenet0/0/1
10.0.12.0/24       Direct  0   0     D    10.0.12.2     GigabitEthenet0/0/1
10.0.12.2/32       Direct  0   0     D    127.0.0.1     GigabitEthenet0/0/1
10.0.12.255/32     Direct  0   0     D    127.0.0.1     GigabitEthenet0.0/1
10.0.13.0/24       Static  80  0     RD   10.0.12.1     GigabitEthenet0.0/1
127.0.0.08         Direct  0   0     D    127.0.0.1     InLoopBack
127.0.0.1/32       Direct  0   0     D    127.0.0.1     InLoopBack0
127.255.255.255/32 Directe 0   0     D    127.0.0.1     InLoopBack
255.255.255.255/32 Direct  0   0     D    127.0.0.1     InLoopBack
```

在 R2 的路由表中,两条路由的下一跳和优先级均已发生变化。检测 R2 到目的地址 10.0.13.3 及 R3 上的 10.0.3.3 的连通性。检测发现,网络并未因为 R2 与 R3 之间的链路被关闭而中断。执行 tracert 命令，查看数据包的转发路径。

```
<R2>tracert 10.0.13.3
<R2>tracert 10.0.3.3
```

命令的回显信息表明，R2 发送的数据经过 R1 抵达 R3 设备。

步骤 7 配置默认路由实现网络的互通并打开 R2 上在步骤 6 中关闭的端口。

可以在 R1 上配置一条下一跳为 10.0.13.3 的默认路由来实现网络的连通。

```
[R1]ip route-static 0.0.0.0 0.0.0.0 10.0.13.3
```

配置完成后，检测 R1 和 10.0.23.3 网络间的连通性。R1 通过默认路由实现了与网络 10.0.23.0 间的通信。

步骤 8 配置备份默认路由。

当 R1 与 R3 间的链路发生故障时，R1 可以使用备份默认路由通过 R2 实现与 10.0.23.3 和 10.0.3.3 网络间的通信。

配置两条备份默认路由，确保数据双向都有路由。

```
[R1]ip route-static 0.0.0.0 0.0.0.0 10.0.12.2 preference 80
[R3]ip route-static 10.0.12.0 24 10.0.23.2 preference 80
```

步骤 9 验证备份默认路由。

查看链路正常时 R1 上的路由条目。

```
<R1>display ip routing-table
```

关闭 R1 与 R3 上的 G0/0/0 端口，人为使链路发生故障，然后查看 R1 的路由表。比较关闭端口前后的路由表变化情况。

```
[R1]interface GigabitEthernet0/0/0
[R1-GigabitEthernet0/0/0]shutdown
[R1-GigabitEthernet0/0/0]quit
[R3]interface GigabitEthernet0/0/0
[R3-GigabitEthernet0/0/0]shutdown
[R3-GigabitEthernet0/0/0]quit
<R1>display ip routing-table
```

在路由表中，默认路由 0.0.0.0 的 Preference 值为 80，表明备份的默认路由已生效。

```
0.0.0.0/0        Static 80 0  RD  10.0.12.2  GigabitEthemet0/0/1
```

网络并未因为 R1 与 R3 之间的链路发生故障而中断。执行 tracert 命令，查看数据包的转发路径。

```
<R1>tracert 10.0.23.3
traceroute to 10.0.23.3(10.0.23.2),max hops:30,packet length:40,
press CTRL_C to break
1 10.0.12.2 30 ms 26 ms 26 ms
2 10.0.23.3 60 ms 53 ms 56 ms
```

结果显示数据通过 R2（10.0.12.2）到达 R3（10.0.23.3）。

思考与实训

一、填空题

1. 路由器的两大主要功能是_____和数据交换。

2. 路径选择发生在 OSI 参考模型的_____。

3. 能够将数据包从一个子网上的主机转发到另一个子网上的主机的网络层协议称为_____。

4. 路由协议的最终目的是生成_____。

5. 路由器的启动配置文件存储在_____。

6. 路由表的三种形成途径是_____、静态路由和动态路由。

7. IP 路由表中的 0.0.0.0 指的是哪种形式的路由？_____。

8. 以手工输入路由表且不会被路由协议更新的是哪种形式的路由？_____。

9. 路由器是在_____层次上实现网络的互联。

10. 在计算机网络中，LAN 代表的是_____，WAN 代表的是_____。

11. 万维网使用的英文缩写是_____。

12. 以太网与 Internet 连接的设备是_____。

13. 静态路由有一种特殊形式，即_____。

14. 路由器处理的数据叫作_____。

15. 适用于拓扑结构复杂、网络规模庞大、网络结构经常变化的网络的路由形式是_____。

二、上机实训

1. 实现任务 11 中图 3-4 的直连路由。

2. 通过 Console 端口为路由器配置初始登录密码"ABC"。

3. 配置路由器，为路由器重命名，设置系统时区为北京时区，日期和时间为当前日期和时间。

4. 根据图 3-33，实现两台主机互联，请配置两台路由器。

HostA IP：10.65.1.2/24　　Gateway：10.65.1.1

HostB IP：10.66.1.2/24　　Gateway：10.66.1.1

5. 公司组网要求为，通过 AR1200 系列路由器连接到广域网，内部网址为 10.110.0.0/24，网关地址为 10.110.0.1/24。公司有 202.38.160.101 ~ 202.38.160.103 三个合法的公网 IP 地址。经咨询运营商得知，下一跳的 IP 地址为 202.38.160.103。请根据要求配置该路由器。

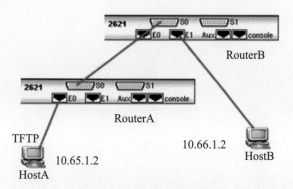

图 3-33 路由图示 1

6. 根据图 3-34，实现 PC1 与 PC2 的互通，请配置 AR1、AR2 和 AR3 三个路由器。

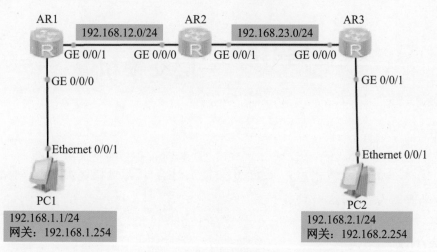

图 3-34 路由图示 2

模块 4

交换机高级配置 ●●●●

任务 ⑮ 三层交换机

任务描述

三层交换机在企业网络中被广泛应用，特别适合于大规模、复杂的网络环境，能够提供更高效的数据转发和路由功能。

任务清单

任务清单如表 4-1 所示。

表 4-1　三层交换机——任务清单

任务目标	【素质目标】 在本任务的学习中，学会使用三层交换机，以适应信息社会发展的要求。 【知识目标】 掌握网络拓扑结构的知识； 掌握三层交换机的概念、原理及其特点。 【能力目标】 掌握网络拓扑结构的知识，三层交换机的概念、原理及其特点
任务重难点	【任务重点】 掌握网络拓扑结构的知识； 掌握三层交换机的概念、原理及其特点。 【任务难点】 掌握三层交换机的概念、原理及其特点
任务内容	1. 认识网络拓扑结构； 2. 掌握三层交换机的概念、原理及其特点
所需材料	为每组提供一台安装了 eNSP 的计算机
资源链接	微课、图例、PPT 课件、实训报告单

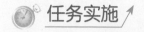
4.1 网络拓扑结构

在计算机网络中，网络拓扑结构指的是网络中各节点之间的物理连接关系，即如何排列和连接各种设备，以及设备互相之间如何通信。根据不同的连接方式和连接规则，通常有以下几种拓扑结构。

（1）星型拓扑结构：所有节点通过一个中心节点（如集线器或交换机）相互连接，如图 4-1 所示。

优点：这种结构具有简单、易于扩展和诊断等优点。

缺点：中心节点的故障会影响整个网络的运行。

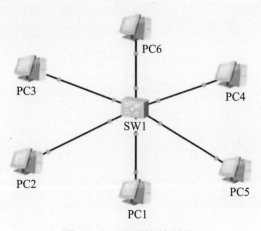

图 4-1 星型拓扑结构

（2）总线型拓扑结构：所有节点都通过一条共享的传输线（如同一条电缆）相互连接，如图 4-2 所示。

优点：安装简便，节省线缆。若某个节点有故障一般不会影响整个网络的通信。

缺点：总线的故障会影响整个网络的通信。某个节点发出的信息可以被所有节点接收，安全性低。

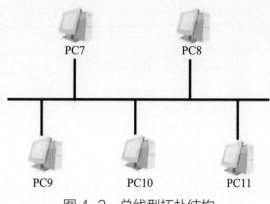

图 4-2 总线型拓扑结构

（3）环型拓扑结构：所有节点依次连接形成一个环状链路，并通过一定的协议规定数据传输的方向和传递方式，如图 4-3 所示。

优点：这种结构具有高效、不易发生冲突和节点之间平等的优点。

缺点：如果某个节点发生故障，则整个环型链路可能会瘫痪。

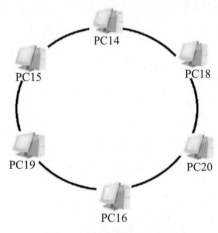

图 4-3　环型拓扑结构

（4）树型拓扑结构：由多个星型拓扑结构及总线型拓扑结构组成，呈现出树状结构，如图 4-4 所示。

优点：树型拓扑结构具有星型拓扑结构的优点，既易于扩展网络规模，也避免了某个节点发生故障导致整个网络发生故障的缺陷。

缺点：层次越高的节点故障导致的网络问题越严重。

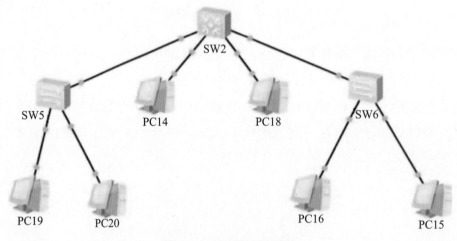

图 4-4　树型拓扑结构

（5）网状型拓扑结构：每个节点和其他节点都直接相连，形成高度冗余的物理连接关系，如图 4-5 所示。

优点：网状型拓扑结构具有高度的可靠性和容错能力。

缺点：设备的安装和维护成本相对较高。

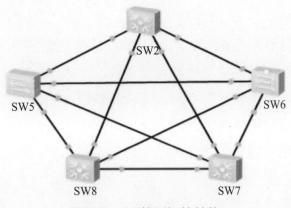

图 4-5　网状型拓扑结构

不同的拓扑结构适用于不同的网络环境和需求，根据具体情况选择合适的拓扑结构可以提高网络的性能和可靠性。

4.2　三层交换机的概念和工作原理

三层交换技术就是在二层交换技术的基础上再加上三层转发技术。传统交换技术被设置在 OSI 参考模型的数据链路层，而三层交换技术是在 OSI 参考模型中的网络层实现数据包的高转发的，它既可实现网络路由功能，又可根据不同网络状况实现最优网络性能，能够做到一次路由、多次转发。

三层交换机是具有部分路由器功能的交换机。三层交换机的最重要的工作是加快大型局域网内部的数据交换，其所具有的路由功能也是为这个工作服务的。三层交换机通过使用硬件交换机实现了 IP 的路由功能，其优化的路由软件使得路由效率提高，解决了传统路由器软件路由的速度问题。因此可以说，三层交换机具有"路由器的功能、交换机的性能"。

如图 4-6 所示为华为 S5700 三层交换机图。三层交换机和二层交换机的物理形态非常类似。三层交换机既包含二层交换机的功能，又包含路由表功能。

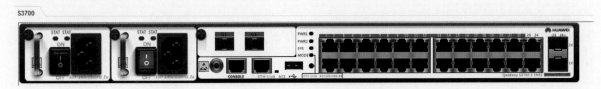

图 4-6　华为 S5700 三层交换机图

4.3　三层交换机的特点

在企业和数据中心网络中，三层交换机通常被用来实现核心交换、汇聚交换和服务器接入等关键网络部署。三层交换机能够提高网络的性能和可靠性，保证网络的正常运行，是现代网络中不可或缺的一种网络设备。

（1）快速转发：三层交换机使用硬件转发，能够实现高速数据包转发，大大提高了网络的响应速度和传输效率。

（2）灵活性高：三层交换机支持 VLAN 划分，能够灵活地将不同的用户和设备划分到不同的虚拟网段中，提高了网络的安全性和可管理性。

（3）可靠性强：三层交换机具备多种故障恢复功能，如 STP、VRRP 等，能够在网络出现故障时及时切换，保证网络的连通性和可靠性。

（4）扩展性强：三层交换机支持多种路由协议，如 RIP、OSPF 等，能够支持大规模网络扩展。

（5）管理简单：三层交换机可以通过 Web 界面或者命令行方式进行管理，管理简单方便。

利用三层交换机实现不同 VLAN 之间的通信

 任务描述

小巨同学想让不同 VLAN 互联互通，以便进行日常管理。通过这个任务让大家了解在不同 VLAN 之间实现通信的方法。

任务清单

任务清单如表 4-2 所示。

表 4-2　实现不同 VLAN 之间的通信——任务清单

任务目标	【素质目标】 　通过本任务的学习，使学生养成逻辑分析的习惯，培养学生团队协作的精神。 【知识目标】 　利用三层交换机实现不同 VLAN 之间的通信。 【能力目标】 　能够掌握在不同 VLAN 之间进行通信的方法
任务重难点	【任务重点】 　调试交换机实现不同 VLAN 之间的通信。 【任务难点】 　调试交换机实现不同 VLAN 之间的通信
任务内容	实现不同 VLAN 之间的通信
所需材料	为每组提供一台安装了 eNSP 的计算机
资源链接	微课、图例、PPT 课件、实训报告单

4.4 实现不同 VLAN 之间的通信

本任务使用 eNSP 进行实验，过程如下。

（1）打开 eNSP，新建拓扑图，添加一台型号为 S5700-28C-HI 的交换机，标签命名为 SW1，再添加一台型号为 S3700-26C-HI 的交换机，标签命名为 SW2。两台计算机的标签分别命名为 PC1 和 PC2。按图 4-7 进行端口连线并启动。

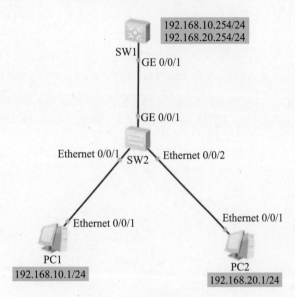

图 4-7　网络拓扑图

（2）交换机配置如下。

SW1 配置：

```
<Huawei>system-view                                  //进入视图
[Huawei]sysname SW1                                  //名字改为SW1
[SW1]vlan batch  10 20                               //创建多个不连续VLAN
[SW1]interface Vlanif 10                             //进入VLAN 10
[SW1-Vlanif10]ip address 192.168.10.254 24//给VLAN 10配置IP地址
[SW1-Vlanif10]interface Vlanif 20                    //进入VLAN 20
[SW1-Vlanif20]ip address 192.168.20.254 24//给VLAN 20配置IP地址
[SW1-Vlanif20]quit                                   //退出
[SW1]interface GigabitEthernet  0/0/1                //进入GE0/0/1端口
[SW1-GigabitEthernet0/0/1]port link-type trunk//将该端口改为trunk模式
[SW1-GigabitEthernet0/0/1]port trunk allow-pass vlan 10 20
                                        //允许VLAN 10和VLAN 20通过
[SW1-GigabitEthernet0/0/1]quit          //退出
```

SW2 配置：

```
<Huawei>system-view                        //进入视图
[Huawei]sysname SW2                         //名字改为SW2
```

097

```
[SW2]vlan batch 10 20                              //创建多个不连续VLAN
[SW2]interface GigabitEthernet 0/0/1         //进入GE0/0/1端口
[SW2-GigabitEthernet0/0/1]port link-type trunk
                                                   //将该端口改为trunk模式
[SW2-GigabitEthernet0/0/1]port trunk allow-pass vlan 10 20
                                                   //允许VLAN 10和VLAN 20通过
[SW2-GigabitEthernet0/0/1]interface Eth 0/0/1
                                                   //进入Ethernet0/0/1端口
[SW2-Ethernet0/0/1]port link-type access     //将该端口改为access模式
[SW2-Ethernet0/0/1]port default vlan 10       //将该端口划归到VLAN 10
[SW2-Ethernet0/0/1]quit                        //退出
[SW2]interface Eth 0/0/2                        //进入Ethernet0/0/2端口
[SW2-Ethernet0/0/2]port link-type access     //将该端口改为access模式
[SW2-Ethernet0/0/2]port default vlan 20       //将该端口划归到VLAN 20
[SW2-Ethernet0/0/2]quit                        //退出
```

（3）为计算机配置 IP 地址，如图 4-8、图 4-9 所示。

图 4-8　为 PC1 配置 IP 地址

图 4-9　为 PC2 配置 IP 地址

（4）测试连通性，如图 4-10、图 4-11 所示。

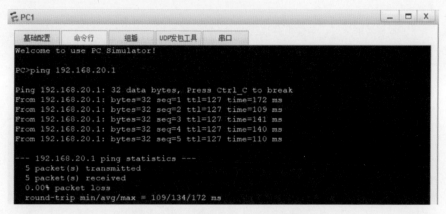

图 4-10　在 PC1 上测试连通性

图 4-11　在 PC2 上测试连通性

到此，实验结束。

任务 ⑰ 配置交换机以实现 DHCP 服务器功能

任务描述

　　小李毕业后进入了一家公司，公司需要为大量的计算机配置 IP 地址以便上网，手动配置工作量巨大且容易导致 IP 地址冲突等错误，DHCP 服务可以解决这个问题。通过本任务的学习，掌握 DHCP 及 DHCP 中继的基本原理、配置过程等。

任务清单

任务清单如表 4-3 所示。

表 4-3　实现 DHCP 服务器功能——任务清单

任务目标	【素质目标】 通过本任务的学习，使学生养成逻辑分析的习惯，培养学生独立解决问题的职业素养。 【知识目标】 掌握 DHCP 基本原理； 掌握 DHCP 中继原理。 【能力目标】 能够配置交换机 DHCP 功能； 能够配置交换机 DHCP 中继功能
任务重难点	【任务重点】 掌握交换机 DHCP 功能； 掌握交换机 DHCP 中继功能。 【任务难点】 配置交换机 DHCP 功能； 配置交换机 DHCP 中继功能
任务内容	实现交换机 DHCP 服务器功能和 DHCP 中继功能
所需材料	为每组提供一台安装有 eNSP 的计算机
资源链接	微课、图例、PPT 课件、实训报告单

任务实施

4.5　DHCP 的基本原理

DHCP（动态主机配置协议）是一种网络管理协议，用于集中对用户 IP 地址进行动态管理和配置，也就是由服务器控制一段 IP 地址范围，当客户机登录服务器时，就可以自动获得服务器分配的 IP 地址和子网掩码等。

它的工作过程和租期如下。

（1）DHCP 客户机向局域网中所有 DHCP 服务器请求 IP 地址。

（2）局域网中所有 DHCP 服务器为客户机提供 IP 地址。

（3）客户机选择收到的第一个 DHCP 服务器回复的 IP 地址，并且给所有 DHCP 服务器发送通告。原因：第一是通告所有 DHCP 服务器，让未被选中的服务器把未使用的地址收回；第二是通告选中的服务器，这个 IP 地址客户机要使用了。

（4）被选中的 DHCP 服务器收到消息后，会给 DHCP 客户机回复一个消息，告诉客户机此 IP 地址可以使用，客户机将此 IP 地址与自己的 MAC 地址绑定，方便下次使用，而其他 DHCP 服务器将收回分配给该客户机的 IP 地址。

（5）DHCP 客户机使用这个 IP 地址是有期限的，当使用的时间到了租期的 50%时，客户机会主动向 DHCP 服务器发送续约请求，DHCP 服务器接收到续约请求后，会检查此 IP 地址有没有被别的客户机抢占，如果没有就续约，如果此 IP 地址被其他客户机使用，就宣告续

网络设备安装与调试（华为版）

约不成功，此时客户机会重新发起请求，请求新的 IP 地址。

4.6 配置交换机 DHCP 功能

本任务使用 eNSP 进行实验，过程如下所示。

（1）打开 eNSP，新建拓扑图。添加一台型号为 S5700-28C-HI 的交换机，标签命名为
SW1，再添加一台型号为 S3700-26C-HI 的交换机，标签命名为 SW2。两台计算机的标签分
别命名为 PC1 和 PC2，按图 4-12 进行端口连线并启动。

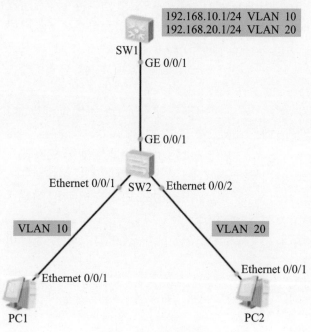

图 4-12 拓扑图

（2）配置交换机。

SW1 配置：

```
<Huawei>system-view
[Huawei]sysname SW1
[SW1]dhcp enable          //开启DHCP服务
[SW1]vlan batch 10 20     //创建多个不连续VLAN
[SW1]interface GigabitEthernet0/0/1 //进入端口 GE0/0/1
[SW1-GigabitEthernet0/0/1]port link-type trunk
                          //设置端口链路类型为trunk
[SW1-GigabitEthernet0/0/1]port  trunk allow-pass vlan all
                          //允许所有VLAN通过
[SW1-GigabitEthernet0/0/1]quit    //退出
[SW1]int vlan 10                  //进入虚拟端口vlanif 10
[SW1-Vlanif10]ip address 192.168.10.1 24   //配置IP地址及子网掩码
[SW1-Vlanif10]dhcp select global //允许DHCP客户机使用全局的地址池
[SW1-Vlanif10]dhcp server dns-list 2.2.2.2 3.3.3.3
                          //配置DNS服务器2.2.2.2和3.3.3.3
```

```
[SW1-Vlanif10]quit          //退出
[SW1]ip pool dhcp1          //新建一个DHCP地址池，地址池名叫dhcp1
[SW1-ip-pool-dhcp1]network 192.168.10.0 mask 24
                            //指定dhcp1地址池分发网段
[SW1-ip-pool-dhcp1]gateway-list 192.168.10.1
                            //指定dhcp1客户机获取的网关地址
[SW1-ip-pool-dhcp1]dns-list 2.2.2.2 3.3.3.3
[SW1-ip-pool-dhcp1]lease day 9    //指定DHCP客户机可以使用的期限为9天
[SW1]interface vlan 20            //进入虚拟端口vlanif 20
[SW1-Vlanif20]ip address 192.168.20.1 24 //配置IP地址及子网掩码长度
[SW1-Vlanif20]dhcp select global //允许DHCP客户机使用全局的地址池
[SW1-Vlanif20]dhcp server dns-list 4.4.4.4 5.5.5.5
                            //DNS服务器是4.4.4.4和5.5.5.5
[SW1-Vlanif20]quit          //退出
[SW1]ip pool dhcp2          //再新建一个DHCP地址池，地址池名叫dhcp2
[SW1-ip-pool-dhcp2]network 192.168.20.0 mask 24
                            //指定dhcp2地址池分发网段
[SW1-ip-pool-dhcp2]gateway-list 192.168.20.1
                            //指定dhcp2客户机获取的网关地址
[SW1-ip-pool-dhcp2]dns-list 4.4.4.4 5.5.5.5
[SW1-ip-pool-dhcp2]lease day 9    //指定DHCP客户机可以使用的期限为9天
```

SW2 配置：

```
<Huawei>system-view
[Huawei]sysname SW2
[SW2]dhcp enable
[SW2]vlan batch 10 20              //创建多个不连续VLAN
[SW2]interface Eth 0/0/1           //进入端口Ethernet0/0/1
[SW2-Ethernet0/0/1]port link-type access//设置端口链路类型到access
[SW2-Ethernet0/0/1]port default vlan 10
                                   //将端口Ethernet0/0/1划归到VLAN 10
[SW2-Ethernet0/0/1]interface Eth0/0/2    //进入端口Ethernet0/0/2
[SW2-Ethernet0/0/2]port link-type access//设置端口链路类型为access
[SW2-Ethernet0/0/2]port default vlan 20
                                   //将端口Ethernet0/0/2划归到VLAN 20
[SW2-Ethernet0/0/2]interface GigabitEthernet0/0/1
                                   //进入端口GE0/0/1
[SW2-GigabitEthernet0/0/1]port link-type trunk
                                   //设置端口链路类型为trunk
[SW2-GigabitEthernet0/0/1]port trunk allow-pass vlan all
                                   //设置白名单
```

（3）在每台计算机上设置以 DHCP 方式获取 IP 地址，如图 4-13 所示。

图 4-13　在 PC1 上设置参数

PC2 的设置方法同 PC1。

（4）在每台计算机上验证是否配置成功，输入命令 ipconfig，如图 4-14、图 4-15 所示。

图 4-14　在 PC1 上验证

图 4-15　在 PC2 上验证

若看到每台计算机都获取了 IP 地址,就说明配置成功了。在上述过程中,笔者的 VLAN 10 采用的是端口分发 IP 的方式,VLAN 20 采用的是地址池分配的方式。一般都采用地址池分配的方式。

4.7　配置交换机 DHCP 中继功能

DHCP 中继 (DHCP relay),通常用于大型网络。在网络中有众多的网关设备 (通常是三层交换机或者路由器),分布零散,想要通过 DHCP 来为每个设备终端动态分配 IP 地址,但是网络管理员不想为每个网关设备都配置 DHCP 服务功能,而是希望部署一台专门的 DHCP 服务器,以统一分配 IP 地址。DHCP 中继相当于一个转发站,负责沟通位于不同网段的 DHCP 客户机和 DHCP 服务器,这就需要在用作用户网关的各个三层交换机上面配置 DHCP 中继功能,以实现客户机与服务器之间的 DHCP 报文的代理交互。

(1) 打开 eNSP,新建拓扑图。添加一台型号为 S5700-28C-HI 的交换机,标签命名为 SW1,再添加一台型号为 S3700-26C-HI 的交换机,标签命名为 SW2。两台计算机的标签分别命名为 PC1 和 PC2,按图 4-16 进行端口连线并启动。

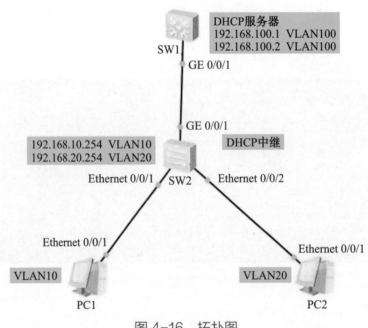

图 4-16　拓扑图

(2) 配置交换机。

SW1 配置:

```
<Huawei>system-view
[Huawei]sysname SW1
[SW1]vlan batch 10 20 100
[SW1]dhcp enable
[SW1]ip pool vlan10
[SW1-ip-pool-vlan10] gateway-list 192.168.10.254 //指定网关地址
```

```
[SW1-ip-pool-vlan10] network 192.168.10.0 mask 255.255.255.0
[SW1-ip-pool-vlan10]ip pool vlan20
[SW1-ip-pool-vlan20] gateway-list 192.168.20.254
[SW1-ip-pool-vlan20] network 192.168.20.0 mask 255.255.255.0
[SW1-ip-pool-vlan20]interface Vlanif100
[SW1-Vlanif100] ip address 192.168.100.1 255.255.255.0
[SW1-Vlanif100] dhcp select global //允许DHCP客户机使用全局的地址池
[SW1-Vlanif100]interface GigabitEthernet0/0/1
[SW1-GigabitEthernet0/0/1] port link-type access
[SW1-GigabitEthernet0/0/1] port default vlan 100
[SW1-GigabitEthernet0/0/1]#quit
[SW1]ip route-static 192.168.10.0 255.255.255.0 192.168.100.2
[SW1]ip route-static 192.168.20.0 255.255.255.0 192.168.100.2
```

SW2 配置：

```
<Huawei>system-view
[Huawei]sysname SW2
[SW2]vlan batch 10 20 100
[SW2]dhcp enable
[SW2]interface Vlanif10
[SW2-Vlanif10] ip address 192.168.10.254 255.255.255.0
[SW2-Vlanif10] dhcp select relay//开启DHCP中继功能
[SW2-Vlanif10] dhcp relay server-ip 192.168.100.1
                    //配置DHCP服务器地址
[SW2-Vlanif10]interface Vlanif20
[SW2-Vlanif20] ip address 192.168.20.254 255.255.255.0
[SW2-Vlanif20] dhcp select relay//开启DHCP中继功能
[SW2-Vlanif20] dhcp relay server-ip 192.168.100.1
                    //配置DHCP服务器地址
[SW2-Vlanif20]interface Vlanif100
[SW2-Vlanif100] ip address 192.168.100.2 255.255.255.0
[SW2-Vlanif100] dhcp select global
[SW2-Vlanif100]interface Ethernet0/0/1
[SW2-Ethernet0/0/1] port link-type access
[SW2-Ethernet0/0/1] port default vlan 10
[SW2-Ethernet0/0/1]interface Ethernet0/0/2
[SW2-Ethernet0/0/2] port link-type access
[SW2-Ethernet0/0/2] port default vlan 20
[SW2-Ethernet0/0/2]interface GigabitEthernet0/0/1
[SW2-GigabitEthernet0/0/1] port link-type access
[SW2-GigabitEthernet0/0/1] port default vlan 100
[SW2-GigabitEthernet0/0/1]#quit
[SW2]ip route-static 0.0.0.0 0.0.0.0 192.168.100.1
```

（3）在每台计算机上设置 IP 地址并验证，如图 4-17、图 4-18 所示。

图 4-17　PC1 的配置

图 4-18　在 PC1 上验证

PC2 的操作同 PC1。至此，实验结束。

任务 ⑱　冗余性与生成树

任务描述

　　为了解决网络的可靠性和安全性问题，公司采用了 VRRP、生成树等协议。公司网络设备拓扑结构复杂，导致设备与设备之间环路及广播风暴等问题。我们可以通过生成树来解决这些问题。通过本任务的学习，可掌握 VRRP、生成树的基本原理及配置方法。

任务清单如表 4-4 所示。

表 4-4 网络冗余性与生成树——任务清单

任务目标	【素质目标】 通过本任务的学习，使学生养成逻辑分析的习惯，培养学生团队协作的职业素养。 【知识目标】 了解 VRRP； 了解生成树协议及其工作原理。 【能力目标】 能够掌握 VRRP 的基本概念； 能够理解生成树的基本概念
任务重难点	【任务重点】 了解 VRRP 协议及其配置方法； 了解各生成树协议。 【任务难点】 了解生成树协议
任务内容	了解 VRRP、生成树协议
所需材料	为每组提供一台能接入网络、安装了 eNSP 的计算机
资源链接	微课、图例、PPT 课件、实训报告单

⏱ **任务实施** ↗

4.8 VRRP

VRRP（Virtual Router Redundancy Protocol，虚拟路由冗余协议）是一种用于提高网络可靠性的容错协议。通过 VRRP，可以在主设备出现故障时，及时将业务切换到备份设备，从而保障网络通信的连续性和可靠性。

VRRP 工作原理如下。

VRRP 备份组中的设备根据优先级选举出 Master 设备（主设备）。Master 设备通过发送报文，将虚拟 MAC 地址通知给与它连接的设备或者主机，从而承担报文转发任务。

Master 设备周期性地向备份组内所有 Backup 设备（备份设备）发送 VRRP 通告报文，通告其配置信息（优先级等）和工作状况。

如果 Master 设备出现故障，则 VRRP 备份组中的 Backup 设备根据优先级重新选择新的 Master 设备。

当 VRRP 备份组进行状态切换时，新的 Master 设备会立即发送报文，刷新与它连接的设备或者主机的 MAC 表项，从而把用户流量引到新的 Master 设备上来。

当原 Master 设备进行故障恢复时，若该设备优先级比新 Master 设备高，则直接切换至

Master 状态；若该设备优先级比较低，则首先切换至 Backup 状态。

4.9　配置 VRRP 功能

　　小巨的公司网络核心层原来使用了一台三层交换机，随着网络应用的日益增多，对网络的可靠性也提出了越来越高的要求，所以小巨的公司决定增加一台采用 VRRP 技术的三层交换机，这样若其中一台设备出现故障，备份设备就能够及时接管数据转发工作，提供无感的切换功能，从而提高网络的稳定性。

　　（1）打开 eNSP，新建拓扑图，添加两台型号均为 S5700-28C-HI 的交换机，标签分别命名为 SW1 和 SW2，再添加一台型号为 S3700-26C-HI 的交换机，标签命名为 SW3。两台计算机的标签分别命名为 PC1 和 PC2。按图 4-19 进行端口连线并启动。

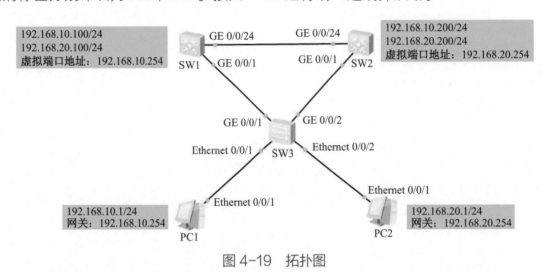

图 4-19　拓扑图

　　（2）配置交换机。

SW1 配置：

```
<Huawei>system-view
[Huawei]sysname SW1
[SW1]interface GigabitEthernet0/0/1
[SW1-GigabitEthernet0/0/1]port link-type trunk
[SW1-GigabitEthernet0/0/1]port trunk allow-pass  vlan 10 20
[SW1-GigabitEthernet0/0/1]quit
[SW1]interface GigabitEthernet0/0/24
[SW1-GigabitEthernet0/0/24]port link-type trunk
[SW1-GigabitEthernet0/0/24]port trunk allow-pass  vlan 10 20
[SW1-GigabitEthernet0/0/24]quit
[SW1]vlan batch  10 20
[SW1]interface Vlanif 10
[SW1-Vlanif10]ip address 192.168.10.100 24
[SW1-Vlanif10]interface Vlanif 20
[SW1-Vlanif20]ip address 192.168.20.100 24
```

```
[SW1-Vlanif20]quit
[SW1]interface Vlanif 10
[SW1-Vlanif10]vrrp vrid 1 virtual-ip 192.168.10.254
                        //配置虚拟端口的IP地址
[SW1-Vlanif10]vrrp vrid 1 priority  150//配置优先级
[SW1-Vlanif10]vrrp vrid 1 preempt-mode timer delay 5
                        //配置抢占模式和延迟时间
[SW1-Vlanif10]quit
[SW1]interface Vlanif 20
[SW1-Vlanif20]vrrp vrid 2 virtual-ip 192.168.20.254
[SW1-Vlanif20]vrrp vrid 2 priority  110
[SW1-Vlanif20]quit
```

SW2 配置：

```
<Huawei>system-view
[Huawei]sysname  SW2
[SW2]vlan batch  10 20
[SW2]interface GigabitEthernet0/0/24
[SW2-GigabitEthernet0/0/24]port link-type trunk
[SW2-GigabitEthernet0/0/24]port trunk allow-pass  vlan  10 20
[SW2-GigabitEthernet0/0/24]quit
[SW2]interface GigabitEthernet0/0/1
[SW2-GigabitEthernet0/0/1]port link-type  trunk
[SW2-GigabitEthernet0/0/1]port trunk allow-pass  vlan 10 20
[SW2-GigabitEthernet0/0/1]quit
[SW2]interface Vlanif 10
[SW2-Vlanif10] ip address 192.168.10.200 24
[SW2-Vlanif10]interface Vlanif 20
[SW2-Vlanif20]ip address 192.168.20.200 24
[SW2-Vlanif20]quit
[SW2]interface Vlanif 10
[SW2-Vlanif10]vrrp vrid 1 virtual-ip 192.168.10.254
[SW2-Vlanif10]vrrp vrid 1 priority 110
[SW2-Vlanif10]quit
[SW2]interface Vlanif 20
[SW2-Vlanif20]vrrp vrid 2 virtual-ip 192.168.20.254
[SW2-Vlanif20]vrrp vrid 2 priority 150
[SW2-Vlanif20]vrrp vrid 2 preempt-mode timer  delay 5
[SW2-Vlanif20]quit
```

SW3 配置：

```
<Huawei>system-view
[Huawei]sysname  SW3
[SW3]vlan batch 10 20
[SW3]interface Eth 0/0/1
[SW3-Ethernet0/0/1]port link-type access
```

```
[SW3-Ethernet0/0/1]port default  vlan 10
[SW3-Ethernet0/0/1]quit
[SW3]interface Eth 0/0/2
[SW3-Ethernet0/0/2]port link-type access
[SW3-Ethernet0/0/2]port default  vlan 20
[SW3-Ethernet0/0/2]quit
[SW3]interface GigabitEthernet0/0/1
[SW3-GigabitEthernet0/0/1]port link-type trunk
[SW3-GigabitEthernet0/0/1]port trunk allow-pass vlan  10 20
[SW3-GigabitEthernet0/0/1]quit
[SW3]interface GigabitEthernet0/0/2
[SW3-GigabitEthernet0/0/2]port link-type trunk
[SW3-GigabitEthernet0/0/2]port trunk allow-pass  vlan  10 20
[SW3-GigabitEthernet0/0/2]quit
```

（3）为计算机配置 IP 地址，如图 4-20、图 4-21 所示。

图 4-20　配置 PC1 的 IP 地址

图 4-21　配置 PC2 的 IP 地址

（4）验证是否配置成功，如图 4-22～图 4-24 所示。

```
[SW1]display vrrp brief
VRID  State       Interface          Type     Virtual IP
----------------------------------------------------------------
1     Master      Vlanif10           Normal   192.168.10.254
2     Backup      Vlanif20           Normal   192.168.20.254
----------------------------------------------------------------
Total:2    Master:1    Backup:1    Non-active:0
```

图 4-22　在 SW1 中验证 VRRP 简要信息

```
[SW1]display  vrrp 1
  Vlanif10 | Virtual Router 1
    State : Master
    Virtual IP : 192.168.10.254
    Master IP : 192.168.10.100
    PriorityRun : 150
    PriorityConfig : 150
    MasterPriority : 150
    Preempt : YES    Delay Time : 5 s
    TimerRun : 1 s
    TimerConfig : 1 s
    Auth type : NONE
    Virtual MAC : 0000-5e00-0101
    Check TTL : YES
    Config type : normal-vrrp
    Create time : 2023-12-25 20:32:07 UTC-08:00
    Last change time : 2023-12-25 20:32:11 UTC-08:00
```

图 4-23　在 SW1 中验证 VRRP1 详细信息

```
[SW2]display vrrp brief
VRID  State       Interface          Type     Virtual IP
----------------------------------------------------------------
1     Backup      Vlanif10           Normal   192.168.10.254
2     Master      Vlanif20           Normal   192.168.20.254
----------------------------------------------------------------
Total:2    Master:1    Backup:1    Non-active:0
```

图 4-24　在 SW2 中验证 VRRP 简要信息

至此，实验结束。

4.10　认识生成树协议

生成树协议（Spanning Tree Protocol，STP），是一种工作在 OSI 参考模型中的第二层
（数据链路层）的通信协议，用于防止交换机冗余链路产生环路，从而避免广播风暴、大量
占用交换机的资源。

生成树协议的工作原理有两条。

● 在正常情况下，STP 阻塞冗余端口，使网络中的节点在通信时只有一条链路生效。

● 当链路出现故障时，将处于"阻塞状态"的端口重新打开，从而保证网络正常通信。

根据不同的场景可选择如下生成树协议。

● STP：标准为 IEEE802.1d。

- RSTP（Rapid Spanning Tree Protocol，快速生成树协议）：标准为 IEEE802.1w。它可以使网络快速收敛，改进了 STP，缩短了网络的收敛时间。RSTP 可以使网络收敛时间缩短到 1 秒之内，在拓扑结构发生变化时能快速恢复网络的连通性。RSTP 的算法和 STP 的算法基本一致。
- MSTP（Multiple Spanning Tree Protocol，多生成树协议）：标准为 IEEE802.1s。将环型网络修剪成为一个无环路的树型网络，以避免在环型网络中增生报文和报文无限循环，同时还提供了用于数据转发的多个冗余路径，从而在数据转发过程中实现不同 VLAN 数据走不同路径，达到负载均衡。

生成树协议的专业术语如下。

- 广播风暴：在一些较大型的网络中，当大量广播流（如 MAC 地址查询信息等）同时在网络中传播时，便会发生数据包的碰撞，而网络试图缓解这些碰撞并重传更多的数据包，结果导致全网的可用带宽减少，并最终使得网络失去连接而瘫痪，这个现象被称为广播风暴。
- 桥：因为性能方面的限制等原因，早期的交换机一般只有两个转发端口，所以那个时代的交换机常常被称为网桥，或者简称桥。在 IEEE 中，"桥"这个术语一直被沿用至今，但它并不是仅指只有两个转发端口的交换机，而是泛指具有任意多个转发端口的交换机。
- 桥的 MAC 地址：一个桥有多个转发端口，每个端口有一个 MAC 地址。通常，交换机会把编号最小的那个端口的 MAC 地址作为桥的 MAC 地址。
- 桥 ID（Bridge ID）：桥 ID 是由桥优先级和 MAC 地址组合而成的。在网络中，桥 ID 最小的网桥被称为根桥。
- 端口 ID：由端口优先级和端口编号构成。
- 根桥（Root bridge）：是桥 ID 最小的网桥。它是网络中的焦点，所有其他的决定都是根据根桥的判断做出的。
- 非根桥（Nonroot bridge）：除了根桥外，其他所有的网桥都是非根桥，都有一个根端口。
- 端口开销（Port cost）：当两台交换机之间有多条链路且都不是根端口时，就根据端口开销来决定最佳路径，链路的开销取决于链路带宽。
- 根端口（Root port）：到根桥的路径最短的端口。
- 指定端口（Designated port）：具有最低开销的端口就是指定端口，指定端口被标记为转发端口。
- 非指定端口（Nondesignated port）：非指定端口是指开销比指定端口高的端口。非指定端口被置为阻塞状态，它不是转发端口。
- 转发端口（Forwarding port）：指能够转发帧的端口。

- 阻塞端口（Blocked port）：阻塞端口是指不能转发帧的端口，这样做是为了防止产生环路。然而，被阻塞的端口始终在监听帧。
- BPDU（桥接协议数据单元）：各个交换机之间进行信息交流时需要这个数据包。

生成树协议的工作过程如下。

一般过程就是选举根桥，选举根端口，选举指定端口和非指定端口，阻塞备用端口。

（1）选举根桥。

从网络中所有的交换机中选举根桥，其余的被称为非根桥。选举根桥的条件是桥 ID（BID）最小，如图 4-25 所示。

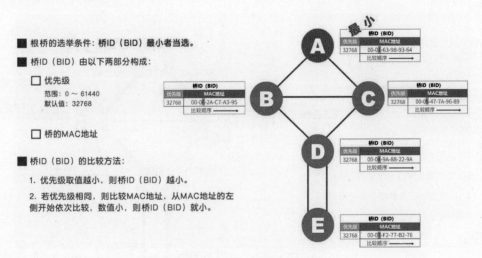

图 4-25　选举根桥

（2）选举根端口。

根端口是相对非根端口而言的。从非根端口中选出一个根端口，并且只能选一个。根端口用来接收根桥发来的 BPDU，如图 4-26 所示。

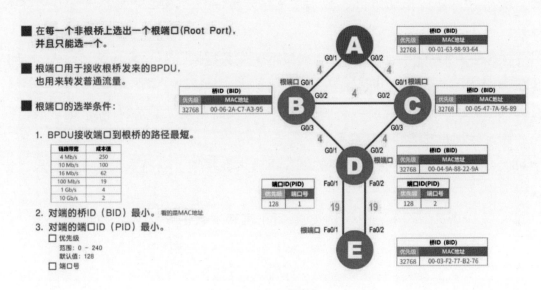

图 4-26　选举根端口

（3）选举指定端口和非指定端口。

指定端口从每个网段上选择，并且只能选一个。指定端口的选举条件：根桥的所有端口都是指定端口，根端口的对端端口一定是指定端口，从 BPDU 转发端口到根桥的路径最短，本端桥 ID 最小，如图 4-27 所示。

（4）阻塞备用端口。

确定根端口和指定端口后，剩余的端口被称为备用端口，STP 会对备用端口进行逻辑堵塞。当备用端口不被逻辑堵塞时，生成树协议的生成过程就结束了，如图 4-27 所示。

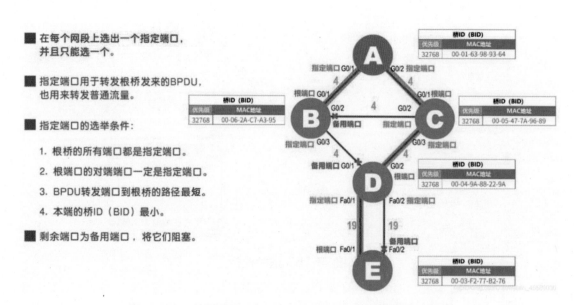

图 4-27　选择指定端口与非指定端口并阻塞备用端口

端口有如下几种状态。

禁用状态（Disable）：此状态下的端口不转发数据帧，不学习 MAC 地址表，不参与生成树计算。

阻塞状态（Blocking）：此状态下的端口不转发数据帧，不学习 MAC 地址表，但接收并处理 BPDU，但是不向外发送 BPDU。

监听状态（Listening）：此状态下的端口不转发数据帧，不学习 MAC 地址表，只参与生成树计算，接收并发送 BPDU。

学习状态（Learning）：此状态下的端口不转发数据帧，但是学习 MAC 地址表，参与计算生成树，接收并发送 BPDU。

转发状态（Fowarding）：此状态下的端口正常转发数据帧，学习 MAC 地址表，参与计算生成树，接收并发送 BPDU。

任务 ⑲ 使用生成树优化网络传输

任务描述

由于业务的迅速发展和对网络可靠性的要求提高，小巨同学所在的公司使用两台高性能交换机作为核心交换机，并将接入层与核心层交换机互联，形成冗余结构，从而满足网络的可靠性要求。公司使用生成树来优化网络传输，使网络的工作效率达到最佳。

任务清单

任务清单如表 4-5 所示。

表 4-5　使用生成树优化网络传输——任务清单

任务目标	【素质目标】 通过本任务的学习，使学生养成逻辑分析的习惯； 通过本任务的学习，培养学生团队协作的职业素养 【知识目标】 掌握生成树的配置方法 【能力目标】 能够熟练掌握各种生成树的配置方法
任务重难点	【任务重点】 掌握各种生成树的基本配置方法 【任务难点】 掌握各种生成树的基本配置方法
任务内容	了解并掌握不同场景的生成树
所需材料	为每组提供一台安装有 eNSP 模拟器的计算机
资源链接	微课、图例、PPT 课件、实训报告单

115

任务实施

4.11　配置生成树

（1）打开 eNSP，新建拓扑图，添加两台型号均为 S5700-28C-HI 的交换机，标签分别命名为 SW1 和 SW2，再添加两台型号均为 S3700-26C-HI 的交换机，标签分别命名为 SW3 和 SW4。两台计算机的标签分别命名为 PC1 和 PC2。按图 4-28 进行端口连线并启动。

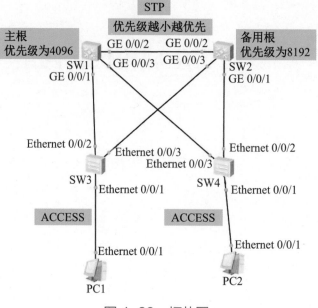

图 4-28　拓扑图

（2）配置交换机。

SW1 配置：

```
<Huawei>system-view
[Huawei]sysname  SW1
[SW1]stp enable              //开启生成树
[SW1]stp mode stp            //设置生成树模式为单实例生成树
[SW1]stp priority 4096       //设置生成树优先级为4096
```

SW2 配置：

```
<Huawei>system-view
[Huawei]sysname  SW2
[SW2]stp enable              //开启生成树
[SW2]stp mode stp            //设置生成树模式为单实例生成树
[SW2]stp priority 8192       //设置生成树优先级为8192
```

SW3 配置：

```
<Huawei>system-view
[Huawei]sysname  SW3
[SW3]interface Eth 0/0/1     //进入端口Ethernet0/0/1
[SW3-Ethernet0/0/1]port link-type access  //将端口改为access端口
[SW3-Ethernet0/0/1]quit      //退出
[SW3]stp enable              //开启生成树
[SW3]stp mode stp            //设置生成树模式为单实例生成树
```

SW4 配置：

```
<Huawei>system-view
[Huawei]sysname  SW4
[SW4]interface Eth 0/0/1                          //进入端口Ethernet0/0/1
[SW4-Ethernet0/0/1]port link-type access  //将端口改为access端口
```

```
[SW4-Ethernet0/0/1]quit                          //退出
[SW4]stp enable                                  //开启生成树
[SW4]stp mode stp                                //设置生成树模式为单实例生成树
```

为计算机配置 IP 地址,如图 4-29、图 4-30、图 4-31 所示。

图 4-29　为 PC1 配置 IP 地址

图 4-30　为 PC2 配置 IP 地址

```
PC1
基础配置  命令行  组播  UDP发包工具  串口
From 192.168.10.2: bytes=32 seq=2 ttl=128 time=78 ms
From 192.168.10.2: bytes=32 seq=3 ttl=128 time=94 ms
From 192.168.10.2: bytes=32 seq=4 ttl=128 time=93 ms
From 192.168.10.2: bytes=32 seq=5 ttl=128 time=94 ms

--- 192.168.10.2 ping statistics ---
  5 packet(s) transmitted
  5 packet(s) received
  0.00% packet loss
  round-trip min/avg/max = 78/90/94 ms

PC>ping 192.168.10.2

Ping 192.168.10.2: 32 data bytes, Press Ctrl_C to break
From 192.168.10.2: bytes=32 seq=1 ttl=128 time=94 ms
From 192.168.10.2: bytes=32 seq=2 ttl=128 time=109 ms
From 192.168.10.2: bytes=32 seq=3 ttl=128 time=78 ms
From 192.168.10.2: bytes=32 seq=4 ttl=128 time=94 ms
From 192.168.10.2: bytes=32 seq=5 ttl=128 time=94 ms

--- 192.168.10.2 ping statistics ---
  5 packet(s) transmitted
  5 packet(s) received
  0.00% packet loss
  round-trip min/avg/max = 78/93/109 ms

PC>
```

图 4-31　用 ping 命令验证 PC1 和 PC2 的连通性

查看 STP 状态，如图 4-32 所示。

```
[SW1]display  stp
-------[CIST Global Info][Mode STP]-------
CIST Bridge          :4096 .4c1f-cc7c-65dd
Config Times         :Hello 2s MaxAge 20s FwDly 15s MaxHop 20
Active Times         :Hello 2s MaxAge 20s FwDly 15s MaxHop 20
CIST Root/ERPC       :4096 .4c1f-cc7c-65dd / 0
CIST RegRoot/IRPC    :4096 .4c1f-cc7c-65dd / 0
CIST RootPortId      :0.0
BPDU-Protection      :Disabled
TC or TCN received   :56
TC count per hello   :0
STP Converge Mode    :Normal
Time since last TC   :0 days 0h:0m:48s
Number of TC         :15
Last TC occurred     :GigabitEthernet0/0/3
----[Port1(GigabitEthernet0/0/1)][FORWARDING]----
```

图 4-32　SW1 上的 STP 状态

查看各桥端口状态，如图 4-33、图 4-34、图 4-35 及图 4-36 所示。

```
[SW1]display stp brief
 MSTID  Port                        Role  STP State     Protection
   0    GigabitEthernet0/0/1        DESI  FORWARDING      NONE
   0    GigabitEthernet0/0/2        DESI  FORWARDING      NONE
   0    GigabitEthernet0/0/3        DESI  FORWARDING      NONE
```

图 4-33　在 SW1 中查看 STP 的简要信息

```
[SW2]display  stp brief
 MSTID  Port                        Role  STP State     Protection
   0    GigabitEthernet0/0/1        DESI  FORWARDING      NONE
   0    GigabitEthernet0/0/2        ROOT  FORWARDING      NONE
   0    GigabitEthernet0/0/3        DESI  FORWARDING      NONE
```

图 4-34　在 SW2 中查看 STP 的简要信息

```
[SW3]display  stp brief
MSTID  Port                      Role    STP State    Protection
0      Ethernet0/0/1             DESI    FORWARDING   . NONE
0      Ethernet0/0/2             ROOT    FORWARDING     NONE
0      Ethernet0/0/3             ALTE    DISCARDING     NONE
```

图 4-35　在 SW3 中查看 STP 的简要信息

```
[SW4]display  stp brief
MSTID  Port                      Role    STP State    Protection
0      Ethernet0/0/1             DESI    FORWARDING     NONE
0      Ethernet0/0/2             ALTE    DISCARDING     NONE
0      Ethernet0/0/3             ROOT    FORWARDING     NONE
```

图 4-36　在 SW4 中查看 STP 的简要信息

至此，实验结束。

4.12　配置快速生成树

（1）打开 eNSP，新建拓扑图，添加两台型号均为 S5700-28C-HI 的交换机，标签分别命名为 SW1 和 SW2，添加一台型号为 S3700-26C-HI 的交换机，标签命名为 SW3。一台计算机的标签命名为 PC1。按图 4-37 进行端口连线并启动。

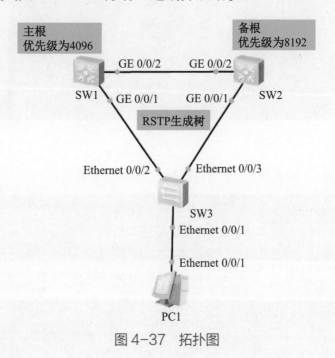

图 4-37　拓扑图

（2）配置交换机。

SW1 配置：

```
<Huawei>system-view
[Huawei]sysname  SW1
[SW1]stp enable          //开启生成树
[SW1]stp mode rstp       //设置生成树模式为快速生成树
[SW1]stp instance 1 priority 4096
                         //设置生成树实例1的优先级为4096，优先级越小越优先
```

SW2 配置：

```
<Huawei>system-view
[Huawei]sysname SW2
[SW2]stp enable          //开启生成树
[SW2]stp mode rstp       //设置生成树模式为快速生成树
[SW2]stp instance 1 priority 8192
                         //设置生成树实例1的优先级为8192，优先级越小越优先
```

SW3 配置：

```
<Huawei>system-view
[Huawei]sysname SW3
[SW3]stp enable          //开启生成树
[SW3]stp mode rstp       //设置生成树模式为快速生成树
```

查看 STP 状态，如图 4-38 所示。

```
<SW1>dis stp
-------[CIST Global Info][Mode RSTP]-------
CIST Bridge          :32768.4c1f-ccb7-4d6a
Config Times         :Hello 2s MaxAge 20s FwDly 15s MaxHop 20
Active Times         :Hello 2s MaxAge 20s FwDly 15s MaxHop 20
CIST Root/ERPC       :32768.4c1f-cc33-52f4 / 20000
CIST RegRoot/IRPC    :32768.4c1f-ccb7-4d6a / 0
CIST RootPortId      :128.2
BPDU-Protection      :Disabled
TC or TCN received   :5
TC count per hello   :0
STP Converge Mode    :Normal
Time since last TC   :0 days 0h:5m:50s
Number of TC         :4
Last TC occurred     :GigabitEthernet0/0/1
----[Port1(GigabitEthernet0/0/1)][FORWARDING]----
```

图 4-38　在 SW1 中查看 STP 的详细信息

查看各桥端口状态，如图 4-39、图 4-40、图 4-41 所示。

```
<SW1>dis stp brief
 MSTID  Port                      Role    STP State    Protection
   0    GigabitEthernet0/0/1      DESI    FORWARDING      NONE
   0    GigabitEthernet0/0/2      ROOT    FORWARDING      NONE
<SW1>
```

图 4-39　在 SW1 中查看 STP 的简要信息

```
<sw2>dis stp brief
 MSTID  Port                      Role    STP State    Protection
   0    GigabitEthernet0/0/1      DESI    FORWARDING      NONE
   0    GigabitEthernet0/0/2      DESI    FORWARDING      NONE
<sw2>
```

图 4-40　在 SW2 中查看 STP 的简要信息

```
<SW3>dis stp brief
 MSTID  Port                  Role    STP State    Protection
   0    Ethernet0/0/1         DESI    FORWARDING      NONE
   0    Ethernet0/0/2         ALTE    DISCARDING      NONE
   0    Ethernet0/0/3         ROOT    FORWARDING      NONE
<SW3>
```

图 4-41　在 SW3 中查看 STP 的简要信息

至此，实验结束。

4.13 配置多实例生成树

（1）打开 eNSP，新建拓扑图，添加两台型号均为 S5700-28C-HI 的交换机，标签分别命名为 SW1 和 SW2。再添加一台型号为 S3700-26C-HI 的交换机，标签命名为 SW3。两台计算机的标签分别命名为 PC1 和 PC2。按图 4-42 进行端口连线并启动。

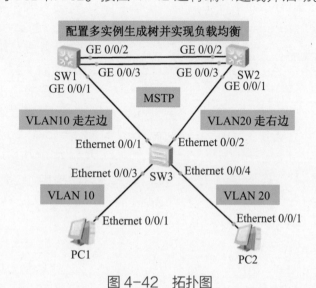

图 4-42 拓扑图

（2）配置交换机。

SW1 配置：

```
<Huawei>system-view
[Huawei]sysname  SW1
[SW1]vlan  batch 10 20                        //创建VLAN 10和VLAN 20
[SW1]interface GigabitEthernet0/0/1 //进入GE0/0/1端口
[SW1-GigabitEthernet0/0/1]port link-type trunk
                                              //设置端口模式为trunk
[SW1-GigabitEthernet0/0/1]port trunk allow-pass vlan 10 20
                                              //允许VLAN 10和VLAN 20通过
[SW1]interface Eth-Trunk 1                     //进入链路聚合Eth-Trunk 1
[SW1-Eth-Trunk1]trunkport GigabitEthernet0/0/2
                                              //设置成员端口为GE0/0/2
[SW1-Eth-Trunk1]trunkport GigabitEthernet0/0/3
                                              //设置成员端口为GE0/0/3
[SW1-Eth-Trunk1]port link-type trunk          //设置聚合端口模式为trunk
[SW1-Eth-Trunk1]port trunk allow-pass vlan 10 20
                                              //允许VLAN 10和VLAN 20通过
[SW1-Eth-Trunk1]quit  //退出
```

SW2 配置：

```
<Huawei>system-view
[Huawei]sysname  SW2
```

```
[SW2]vlan  batch 10 20                              //创建VLAN 10和VLAN 20
[SW2]interface GigabitEthernet0/0/1 //进入GE0/0/1端口
[SW2-GigabitEthernet0/0/1]port link-type trunk
                                                    //设置端口模式为trunk
[SW2-GigabitEthernet0/0/1]port trunk allow-pass VLAN 10 20
                                                    //允许VLAN 10和VLAN 20通过
[SW2]interface Eth-Trunk 1                          //进入链路聚合Eth-Trunk 1
[SW2-Eth-Trunk1]trunkport GigabitEthernet 0/0/2
                                                    //设置成员端口为GE0/0/2
[SW2-Eth-Trunk1]trunkport GigabitEthernet 0/0/3
                                                    //设置成员端口为GE0/0/3
[SW2-Eth-Trunk1]port link-type trunk               //设置聚合端口模式为trunk
[SW2-Eth-Trunk1]port trunk allow-pass vlan 10 20
                                                    //允许VLAN 10和VLAN 20通过
[SW2-Eth-Trunk1]quit                                //退出
```

SW3 配置：

```
<Huawei>system-view
[Huawei]sysname  SW3
[SW3]vlan batch 10  20                              //创建VLAN 10和VLAN 20
[SW3]interface  Eth0/0/1                            //进入Ethernet0/0/1端口
[SW3-Ethernet0/0/1]port link-type trunk//设置端口模式为trunk
[SW3-Ethernet0/0/1]port trunk  allow-pass vlan 10 20
                                                    //允许VLAN 10和VLAN 20通过
[SW3]interface Eth 0/0/2                            //进入Ethernet0/0/2端口
[SW3-Ethernet0/0/2]port link-type trunk//设置端口模式为trunk
[SW3-Ethernet0/0/2]port trunk allow-pass vlan 10 20
                                                    //允许VLAN 10和VLAN 20通过
[SW3-Ethernet0/0/2]quit                             //退出
[SW3]interface Eth 0/0/3                            //进入Ethernet0/0/3端口
[SW3-Ethernet0/0/3]port link-type access           //设置端口模式为access
[SW3-Ethernet0/0/3]port default vlan 10            //将该端口划归到VLAN 10
[SW3]interface Eth 0/0/4                            //进入Ethernet0/0/4端口
[SW3-Ethernet0/0/4]port link-type access           //设置端口模式为access
[SW3-Ethernet0/0/4]port default vlan 20            //将该端口划归到VLAN 20
[SW3-Ethernet0/0/4]quit                             //退出
```

SW1 多实例生成树配置：

```
[SW1]stp mode mstp                                  //设置生成树模式为多实例生成树
[SW1]stp region-configuration                       //进行生成树配置
[SW1-mst-region]region-name HW                      //设置区名为HW
[SW1-mst-region]revision-level 1                    //修改级别为1
[SW1-mst-region]instance 1 vlan 10                  //向VLAN 10中加入实例1
[SW1-mst-region]instance 2 vlan 20                  //向VLAN 20中加入实例2
```

```
[SW1-mst-region]active region-configuration    //开启生效
[SW1-mst-region]quit                            //退出
```

SW2、SW3 配置同上。

查看多实例生成树的状态，如图 4-43 所示。

```
[SW1]dis stp
-------[CIST Global Info][Mode MSTP]-------
CIST Bridge              :32768.4c1f-cc9a-7723
Config Times             :Hello 2s MaxAge 20s FwDly 15s MaxHop 20
Active Times             :Hello 2s MaxAge 20s FwDly 15s MaxHop 19
CIST Root/ERPC           :32768.4c1f-cc1a-1bb5 / 0
CIST RegRoot/IRPC        :32768.4c1f-cc1a-1bb5 / 10000
CIST RootPortId          :128.25
BPDU-Protection          :Disabled
TC or TCN received       :21
TC count per hello       :0
STP Converge Mode        :Normal
Time since last TC       :0 days 0h:5m:32s
Number of TC             :14
Last TC occurred         :Eth-Trunk1
----[Port1(GigabitEthernet0/0/1)][FORWARDING]----
```

图 4-43　查看多实例生成树的状态

查看各桥端口状态，如图 4-44～图 4-46 所示。

```
[SW1]display  stp brief
MSTID   Port                         Role    STP State    Protection
  0     GigabitEthernet0/0/1         DESI    FORWARDING   NONE
  0     Eth-Trunk1                   ROOT    FORWARDING   NONE
  1     GigabitEthernet0/0/1         DESI    FORWARDING   NONE
  1     Eth-Trunk1                   ROOT    FORWARDING   NONE
  2     GigabitEthernet0/0/1         DESI    FORWARDING   NONE
  2     Eth-Trunk1                   ROOT    FORWARDING   NONE
```

图 4-44　在 SW1 中查看 STP 的简要信息

```
[SW2]dis stp brief
MSTID   Port                         Role    STP State    Protection
  0     GigabitEthernet0/0/1         DESI    FORWARDING   NONE
  0     Eth-Trunk1                   DESI    FORWARDING   NONE
  1     GigabitEthernet0/0/1         DESI    FORWARDING   NONE
  1     Eth-Trunk1                   DESI    FORWARDING   NONE
  2     GigabitEthernet0/0/1         DESI    FORWARDING   NONE
  2     Eth-Trunk1                   DESI    FORWARDING   NONE
```

图 4-45　在 SW2 中查看 STP 的简要信息

```
[LSW3]dis stp brief
MSTID   Port                Role    STP State    Protection
  0     Ethernet0/0/1       ALTE    DISCARDING   NONE
  0     Ethernet0/0/2       ROOT    FORWARDING   NONE
  0     Ethernet0/0/3       DESI    FORWARDING   NONE
  0     Ethernet0/0/4       DESI    FORWARDING   NONE
  1     Ethernet0/0/1       ALTE    DISCARDING   NONE
  1     Ethernet0/0/2       ROOT    FORWARDING   NONE
  1     Ethernet0/0/3       DESI    FORWARDING   NONE
  2     Ethernet0/0/1       ALTE    DISCARDING   NONE
  2     Ethernet0/0/2       ROOT    FORWARDING   NONE
  2     Ethernet0/0/4       DESI    FORWARDING   NONE
```

图 4-46　在 SW3 中查看 STP 的简要信息

从图 4-46 可以看出，实例 1 和实例 2 的 Ethernet0/0/1 端口都是阻塞状态；这说明并没有达到负载均衡的效果。调整优先级如下。

SW1 配置：

```
[SW1]stp instance 1 root primary
[SW1]stp instance 2 root secondary
```

SW2 配置：

```
[SW2]stp instance 1 root secondary
[SW2]stp instance 2 root primary
```

再次查看 SW3 端口信息，可以看到实例 1 走 Ethernet0/0/1 端口，实例 2 走 Ethernet0/0/2 端口，如图 4-47 所示。

图 4-47　再次在 SW3 中查看 STP 的简要信息

至此，实验结束。

思考与实训

一、填空题

1. 拓扑结构通常可以分为_____、_____、_____、_____、_____。

2. 三层交换技术就是在二层交换技术的基础上加上_____。

3. 三层交换机的特点是_____、_____、_____、_____、_____。

4. DHCP（动态主机配置协议）是一种_____，用于集中对用户 IP 地址进行_____，也就是由服务器控制一段 IP 地址范围，客户机登录服务器时，就可以自动获得服务器分配的_____等。

5. DHCP 客户机向局域网中_____请求 IP 地址。

6. DHCP 中继相当于_____，负责沟通位于_____的 DHCP 客户机和 DHCP 服务器，这就需要在用作用户网关的各个三层交换机上面配置 DHCP 中继功能，以实现客户机与服务器之间的 DHCP 报文的代理交互。

7. VRRP 是一种用于提高网络可靠性的容错协议。通过 VRRP，可以在主设备出现故障时，及时将业务切换到备份设备，从而保障网络通信的_____。

8. STP 的标准为_____。

9. MSTP 将环型网络修剪成为一个无环路的树型网络，以避免报文在环型网络中的_____，同时还提供了用于数据转发的多个_____，在数据转发过程中实现不同 VLAN 数据走不同路径，达到负载均衡。

10. 因为性能方面的限制等原因，早期的交换机一般只有_____，所以那个时代的交换机常常被称为_____，简称桥。

11. 桥 ID 是由_____和_____组合而成的。

12. 根桥是_____最低的网桥。

13. 根端口是到根桥的_____的端口。

14. 有_____的端口就是指定端口，指定端口被标记为转发端口。

15. 在转发状态下端口正常转发_____，学习 MAC 地址表，参与计算生成树，接收并发送_____。

二、上机实训

1. DHCP 服务器实训，参考图 4-48。

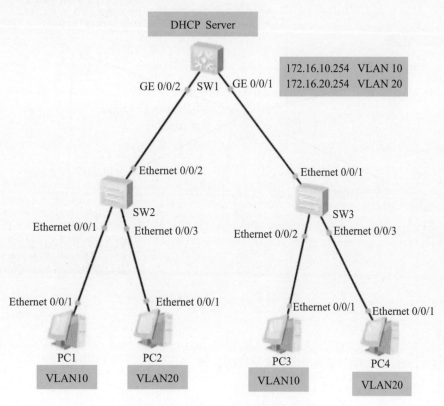

图 4-48　DHCP 服务器实训图

要求如下：

（1）按照图 4-48，在 eNSP 上画出此图。

（2）PC1、PC3 获取 VLAN 10 的地址，PC2、PC4 获取 VLAN 20 的地址。

（3）DHCP 地址池要建在 SW1 上。

2．DHCP 中继实训，参考图 4-49。

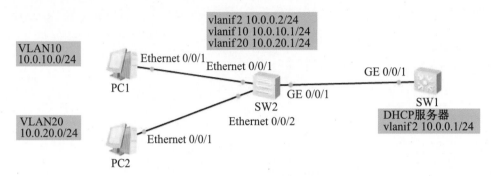

图 4-49　DHCP 中继实训图

要求如下：

（1）按照图 4-49，在 eNSP 上画出此图。

（2）PC1、PC2 获取相应的地址。

（3）DHCP 地址池要建在 SW1 上。

3．VRRP 实训，参考图 4-50。

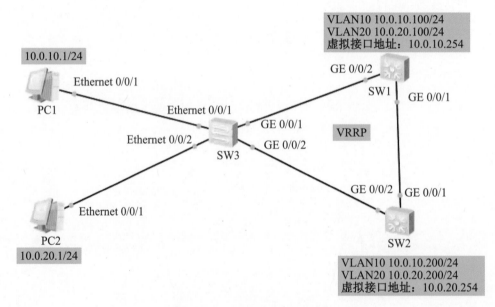

图 4-50　VRRP 实训图

要求如下：

（1）按照图 4-50，在 eNSP 上画出此图。

（2）完成 VRRP 实训。

4．生成树实训，参考图 4-51。

要求如下：

（1）按照图 4-51，在 eNSP 上画出此图。

网络设备安装与调试（华为版）

（2）将三台交换机之间的链路均设置为 trunk 模式，并且进行生成树实验。

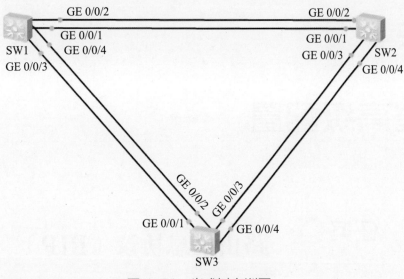

图 4-51　生成树实训图

5．多实例生成树实训，如图 4-52 所示。

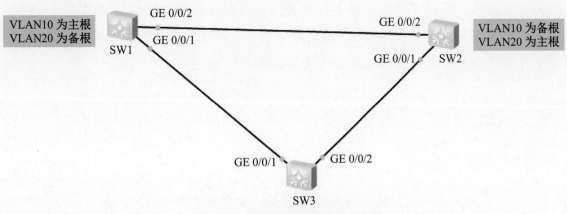

图 4-52　多实例生成树实训图

要求如下：

（1）按照图 4-52，在 eNSP 上画出此图。

（2）将交换机配置为 MSTP。

（3）将域名设置为 HW。

（4）将 VLAN 10 绑定到实例 10，将 VLAN 20 绑定到实例 20，指定 SW1 为实例 10 的主根、实例 20 的备根。指定 SW2 为实例 20 的主根、实例 10 的备根。

模块 5

路由器高级配置 ••••

任务⑳ 路由信息协议（RIP）

任务描述

　　由于小张所在的公司网络规模不断扩大，在路由器较多的网络环境中，手动配置静态路由给小张带来很大的工作负担，而使用路由信息协议（RIP）可以很好地解决此问题。通过学习本任务熟练掌握路由信息协议及其配置方法。

任务清单

任务清单如表 5-1 所示。

表 5-1　路由信息协议——任务清单

任务目标	【素质目标】 　　在本任务的学习中，学会使用路由信息协议，这也是适应信息社会发展的要求。 【知识目标】 　　了解什么是路由信息协议； 　　能够配置路由信息协议。 【能力目标】 　　掌握路由信息协议
任务重难点	【任务重点】 　　掌握路由信息协议的概念； 　　掌握路由信息协议的配置方法。 【任务难点】 　　掌握路由信息协议的配置方法
任务内容	1．学习路由信息协议； 2．配置路由信息协议
所需材料	为每组提供一台安装有 eNSP 的计算机
资源链接	微课、图例、PPT 课件、实训报告单

5.1 路由信息协议的概念

路由信息协议（Routing Information Protocol, RIP）是一种基于距离矢量算法的路由协议，它通过计算到达目的地最少的跳数来选取最佳路径。

RIP 中的"距离"也被称为"跳数"，RIP 中的跳数最多计算到 15 跳，每经过一个路由器，跳数就加 1。RIP 允许一条路径最多包含 15 个路由器，当超过这个数量时，RIP 会认为目的地不可达。RIP 适用于中小型网络。

RIP 的原理如下。

每个路由器通过周期性地向相邻路由器发送路由更新报文来交换路由信息，同时根据接收到的路由更新报文更新自己的路由表。当网络中的拓扑结构发生变化时，路由器会及时通知相邻路由器，以便它们更新路由表并选择更优的路径。

RIP 的版本如下。

- RIPv1：是一种有类别路由协议，协议报文中不携带掩码信息，只能识别自然网段的路由。
- RIPv2：是 RIPv1 的扩充版本。为无类别（有掩码的路由协议）路由协议，协议报文中携带掩码信息，能够识别无类别路由和超网（多个连续的网段合并成一个网段）路由。

5.2 路由信息协议配置

（1）打开 eNSP，新建拓扑图，添加两台型号均为 AR2220 的路由器，标签分别命名为 R1 和 R2。再添加两台计算机，标签分别命名为 PC1 和 PC2。按图 5-1 进行端口连线并启动。

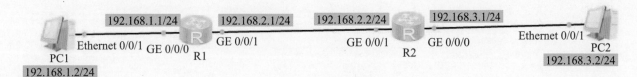

图 5-1 拓扑图

（2）配置路由器。

R1 配置：

```
<Huawei>system-view
[huawei]sysname R1
[R1]interface GigabitEthernet0/0/0
[R1-GigabitEthernet0/0/0]ip address 192.168.1.1 24
[R1-GigabitEthernet0/0/0]interface G0/0/1
[R1-GigabitEthernet0/0/1]ip address 192.168.2.1 24
```

```
[R1-GigabitEthernet0/0/1]quit
[R1]rip 1
[R1-rip-1]version 2
[R1-rip-1]network 192.168.1.0 //宣告网段
[R1-rip-1]network 192.168.2.0
```

R2 配置:

```
<Huawei>system-view
[huawei]sysname R2
[R1]interface GigabitEthernet0/0/0
[R1-GigabitEthernet0/0/0]ip address 192.168.3.1 24
[R1-GigabitEthernet0/0/0]interface G0/0/1
[R1-GigabitEthernet0/0/1]ip address 192.168.2.2 24
[R1-GigabitEthernet0/0/1]quit
[R1]rip 1
[R1-rip-1]version 2
[R1-rip-1]network 192.168.2.0
[R1-rip-1]network 192.168.3.0
```

（3）为计算机配置 IP 地址，如图 5-2、图 5-3 所示。

图 5-2　为 PC1 配置 IP 地址

（4）验证是否互通，如图 5-4、图 5-5 所示。

验证的结果是 PC1 与 PC2 互通。至此，实验结束。

图 5-3 为 PC2 配置 IP 地址

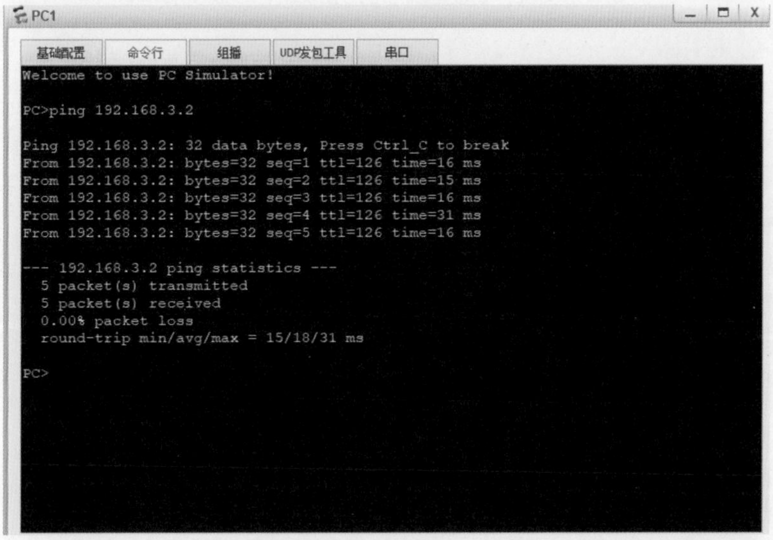

图 5-4 验证 PC1

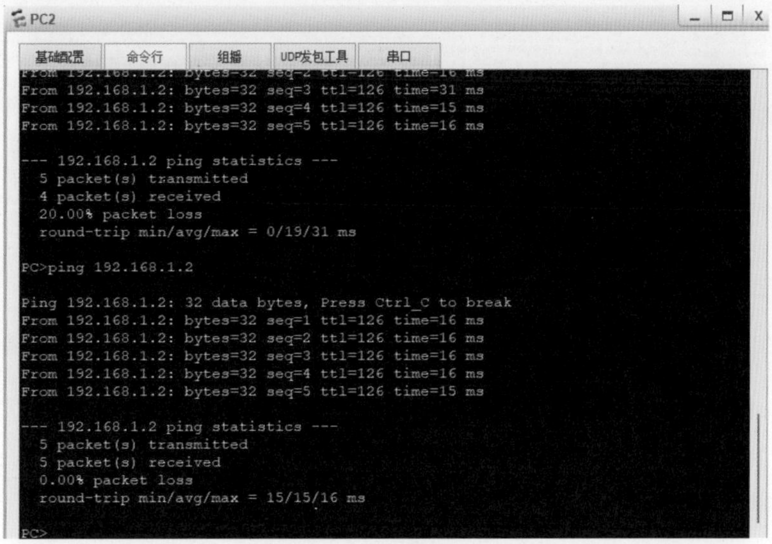

图 5-5 验证 PC2

开放最短通路优先协议（OSPF）

任务描述

　　小张同学所在的公司业务规模逐渐扩大，他发现原有的路由协议已经不再适合现有公司的网络，因此决定在公司路由器之间使用 OSPF，实现网络互联互通。

任务清单

任务清单如表 5-2 所示。

表 5-2　开放最短通路优先协议——任务清单

任务目标	【素质目标】 　在本任务的学习中，学会使用 OSPF，这也是适应信息社会发展的要求。 【知识目标】 　了解 OSPF； 　配置 OSPF； 　了解什么是 OSPF 路由重分发； 　配置 OSPF 路由重分发。 【能力目标】 　掌握 OSPF
任务重难点	【任务重点】 　掌握 OSPF 的概念； 　掌握 OSPF 的配置方法； 　掌握 OSPF 路由重分发的概念； 　掌握 OSPF 路由重分发的配置方法。 【任务难点】 　掌握 OSPF 的配置方法； 　掌握 OSPF 路由重分发的配置方法
任务内容	1．学习 OSPF； 2．配置 OSPF； 3．配置 OSPF 路由重分发
所需材料	为每组提供一台安装有 eNSP 的计算机
资源链接	微课、图例、PPT 课件、实训报告单

任务实施

5.3　OSPF

　　OSPF（Open Shortest Path First，开放最短通路优先协议）是 IETF 组织开发的一个基于链路状态的内部网关协议（IGP），其具有收敛快、路由无环、可扩展等优点。

内部网关协议运行在一个自治系统内部，一般适用于由单个组织管理的网络，常见协议有 RIP/RIP2、OSPF 等。

1. OSPF 协议区域

一个 OSPF 协议网络可以被划分成多个区域（Area）。如果一个 OSPF 协议网络只包含一个区域，则被称为单区域 OSPF 协议网络；如果一个 OSPF 协议网络包含多个区域，则被称为多区域 OSPF 协议网络。

在 OSPF 协议网络中，每一个区域都有一个编号，该编号称为区域 ID（Area ID）。

区域 ID 一般用十进制数来表示。区域 ID 为 0 的区域称为骨干区域，其他区域为非骨干区域。单区域 OSPF 协议网络中只包含一个区域，这个区域就是骨干区域。在多区域 OSPF 协议网络中，除骨干区域外，其他区域都是非骨干区域。

非骨干区域之间的通信必须通过骨干区域中转才能实现，当非骨干区域没有与骨干区域直连时，要采用虚链路（Virtual Link）技术从逻辑上实现非骨干区域与骨干区域的直连。

2. 链路状态及链路状态通告

OSPF 是一种基于链路状态的路由协议，链路状态也指路由器的端口状态。其核心思想是，每台路由器都将自己的各个端口的端口状态（链路状态）共享给其他路由器。

链路状态通告（Link-state Advertisement，LSA）是链路状态信息的主要载体，链路状态信息主要包含在 LSA 中，并通过 LSA 的通告（泛洪）来实现共享。

5.4 OSPF 的配置

（1）打开 eNSP，新建拓扑图，添加 3 台型号均为 AR2220 的路由器，标签分别命名为 R1、R2 和 R3。再添加两台计算机，标签分别命名为 PC1 和 PC2，按图 5-6 中的端口连线并启动。

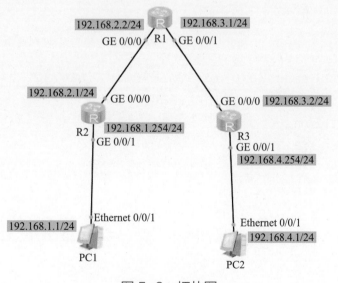

图 5-6　拓扑图

（2）配置路由器

R1 配置：

```
<Huawei>system-view
[Huawei]sysname R1
[R1]interface g0/0/0
[R1-GigabitEthernet0/0/0]ip address 192.168.2.2 24
[R1-GigabitEthernet0/0/0]inter g0/0/1
[R1-GigabitEthernet0/0/1]ip address 192.168.3.1 24
[R1 ]router id 1.1.1.1   //设置路由器编号
[R1]ospf 1 //设置OSPF进程号为1
[R1-ospf-1]area 0 //设置OSPF的0区域
[R1-ospf-1-area-0.0.0.0]network 192.168.2.0 0.0.0.255
                        //宣告网段，使用反掩码
[R1-ospf-1-area-0.0.0.0]network 192.168.3.0 0.0.0.255
```

R2 配置：

```
<Huawei>system-view
[Huawei]sysname R2
[R2]interface g0/0/1
[R2-GigabitEthernet0/0/1]ip address 192.168.1.254 24
[R2-GigabitEthernet0/0/1]inter g0/0/0
[R2-GigabitEthernet0/0/0]ip address 192.168.2.1 24
[R2]router id 2.2.2.2
[R2]ospf 1
[R2-ospf-1]area 0
[R2-ospf-1-area-0.0.0.0]network 192.168.1.0 0.0.0.255
[R2-ospf-1-area-0.0.0.0]network 192.168.2.0 0.0.0.255
```

R3 配置：

```
<Huawei>system-view
<Huawei>sysname R3
[R3]interface g0/0/0
[R3-GigabitEthernet0/0/0]ip address 192.168.3.2 24
[R3-GigabitEthernet0/0/0]inter g0/0/1
[R3-GigabitEthernet0/0/1]ip address 192.168.4.254 24
[R3]router id 3.3.3.3
[R3]ospf 1
[R3-ospf-1]area 0
[R3-ospf-1-area-0.0.0.0]network 192.168.3.0 0.0.0.255
[R3-ospf-1-area-0.0.0.0]network 192.168.4.0 0.0.0.255
```

（3）为计算机配置 IP 地址，如图 5-7、图 5-8 所示。

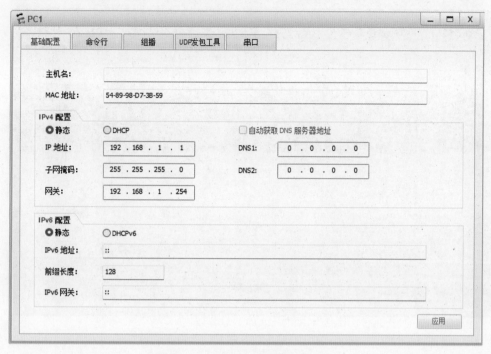

图 5-7　为 PC1 配置 IP 地址

图 5-8　为 PC2 配置 IP 地址

（4）验证连通性，如图 5-9 所示。

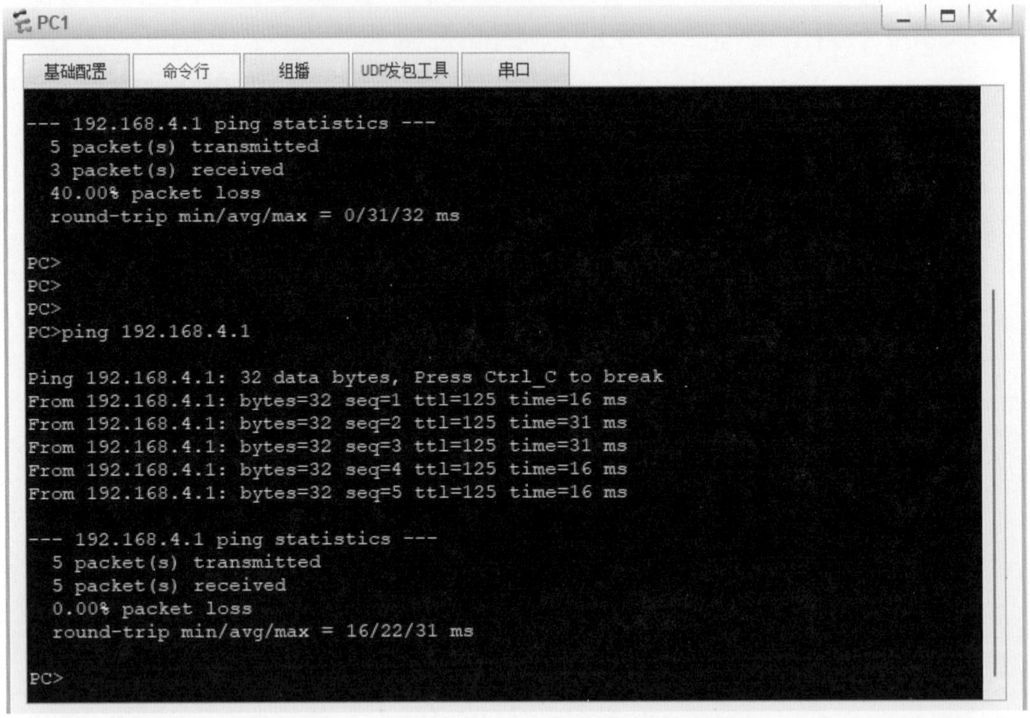

图 5-9　验证 PC1 与 PC2 的连通性

验证的结果是 PC1 与 PC2 互通。至此，实验结束。

5.5　OSPF 路由重分发

路由重分发（Route Redistribution）又叫重发布、重分布。

在大型的企业中，可能在同一网络内使用到多种路由协议，为了实现多种路由协议的协同工作，路由器可以使用路由重分发机制将其学习到的一种路由协议的路由信息通过另一种路由协议广播出去，从而全网的数据能够实现互通。

路由重分发主要分几种情况：一是动态路由协议之间的路由重分发；二是将直连路由引入动态路由协议中；三是将静态路由引入动态路由协议中。

5.6　OSPF 路由重分发配置

由于公司业务拓展，欣元公司收购了另外一家公司作为子公司，子公司原来的网络运行 RIP，总公司运行 OSPF。为了使总公司和子公司正常通信，需要进行路由双向重分发。

（1）打开 eNSP，新建拓扑图，添加 3 台型号均为 AR2220 的路由器，标签分别命名为 R1、R2 和 R3。再添加两台计算机，标签分别命名为 PC1 和 PC2，按图 5-10 中的端口连线并启动。

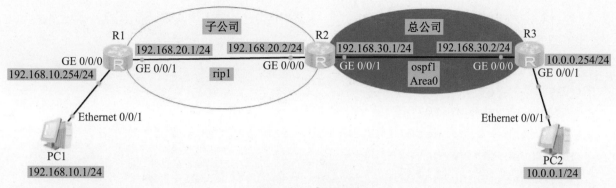

图 5-10 拓扑图

（2）配置路由器。

R1 配置：

```
<Huawei>system-view
[Huawei]sysname R1
[R1]interface g0/0/0
[R1-GigabitEthernet0/0/0]ip address 192.168.10.254 24
[R1-GigabitEthernet0/0/0]inter g0/0/1
[R1-GigabitEthernet0/0/1]ip address 192.168.20.1 24
[R1-GigabitEthernet0/0/1]quit
[R1]rip 1
[R1-rip-1]version 2
[R1-rip-1]network 192.168.10.0
[R1-rip-1]network 192.168.20.0
```

R2 配置：

```
<Huawei>system-view
[Huawei]sysname R2
[R2]interface g0/0/0
[R2-GigabitEthernet0/0/0]ip address 192.168.20.2 24
[R2-GigabitEthernet0/0/0]inter g0/0/1
[R2-GigabitEthernet0/0/1]ip address 192.168.30.1 24
[R2-GigabitEthernet0/0/1]quit
[R2]ospf 1 //设置OSPF进程号为1
[R2-ospf-1]import-route rip 1//将自己路由表中的RIP路由注入OSPF域
[R2-ospf-1]area 0 //设置OSPF的0区域
[R1-ospf-1-area-0.0.0.0]network 192.168.30.0 0.0.0.255//宣告网段,
使用反掩码
[R1-ospf-1-area-0.0.0.0]quit
[R2-ospf-1]quit
[R2]rip 1
[R2-rip-1]version 2
[R2-rip-1]network 192.168.20.0
```

```
[R2-rip-1]import-route ospf 1 //将自己路由表中的OSPF路由注入RIP域
```

R3配置：

```
<Huawei>system-view
[Huawei]sysname R3
[R3]interface g0/0/0
[R3-GigabitEthernet0/0/0]ip address 192.168.30.2  24
[R2-GigabitEthernet0/0/0]inter g0/0/1
[R2-GigabitEthernet0/0/1]ip address 10.0.0.254  24
[R2-GigabitEthernet0/0/1]quit
[R2]ospf 1  //设置OSPF进程号为1
[R2-ospf-1]area 0 //设置OSPF的0区域
[R1-ospf-1-area-0.0.0.0]network 192.168.30.0 0.0.0.255//宣告网段，
使用反掩码
[R1-ospf-1-area-0.0.0.0]network 10.0.0.0 0.0.0.255
[R1-ospf-1-area-0.0.0.0]quit
```

（3）为计算机配置 IP 地址，如图 5-11、图 5-12 所示。

图 5-11　为 PC1 配置 IP 地址

（4）验证连通性，如图 5-13 所示。

验证的结果是，PC1 与 PC2 互通。至此，实验结束。

图 5-12　为 PC2 配置 IP 地址

图 5-13　验证 PC1 与 PC2 的连通性

任务 ② 使用 PPP 接入广域网

📋 任务描述

因为业务发展，欣元公司建立了分公司，租用专门的线路用于总公司与分公司的连接。为了保障通信线路的数据安全，需要在路由器上配置安全认证机制，以实现总公司路由器对分公司路由器的身份认证。

任务清单如表 5-3 所示。

表 5-3　使用 PPP 接入广域网——任务清单

任务目标	【素质目标】 在本任务的学习中，学会使用 PPP，这也是适应信息社会发展的要求。 【知识目标】 了解 PPP； 配置 PPP。 【能力目标】 掌握 PPP
任务重难点	【任务重点】 掌握 PPP 的概念； 掌握 PPP 的配置方法。 【任务难点】 掌握 PPP 的概念； 掌握 PPP 的配置方法
任务内容	1. 掌握 PPP 的概念； 2. 配置 PPP
所需材料	为每组提供一台安装有 eNSP 的计算机
资源链接	微课、图例、PPT 课件、实训报告单

任务实施↗

5.7　PPP

PPP（Point-to-Point Protocol，点对点协议），也叫 P2P，是数据链路层封装协议的一种。PPP 的可靠性和安全性较高，且支持各类网络层协议，可以在不同类型的端口和链路上运行，是目前 TCP/IP 网络中最重要的点对点数据链路层协议。

PPP 在物理上可以使用不同的传输介质，包括双绞线、光纤及无线传输介质。其在数据链路层上提供了一套解决链路建立、维护、拆除和上层协议协商、认证等问题的方案。

首先讲一下 PPP 链路的建立。PPP 帧从开始建立到能够正常转发数据包需要一段时间，并且需要经历协商认证过程。PPP 链路的建立共分 5 个阶段，如图 5-14 所示。

- 在链路不可用阶段，对 PPP 链路进行初始化，当连通物理层端口并检测到载波后，自动进入链路建立阶段。
- 进入认证阶段后，通信双方互相发送 LCP 报文，进行参数协商。如果参数协商成功，并且双方需要认证，则进入认证阶段，如果不需要认证，则直接进入网络层协议阶段。

网络设备安装与调试（华为版）

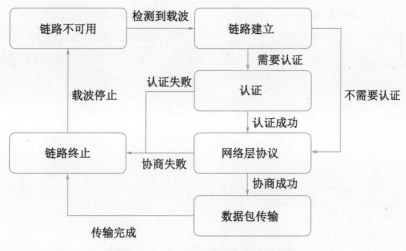

图 5-14　PPP 链路建立过程

- 在认证阶段，通信双方进行认证，如果认证失败，则会进入链路终止阶段，如果认证成功就会进入网络层协议阶段。
- 在网络层协议阶段，双方会再次进行协商，这次主要协商网络层参数，比如发送自己的 IP 地址、子网掩码等信息，看是否存在 IP 地址冲突或者不属于一个网段等情况。如果参数协商成功，就可以进行正常的数据包传输。
- 链路终止阶段，意味着 PPP 链接终止，除了链路不可用阶段，任何协商过程失败都会进入这一阶段。而如果处于网络层协议阶段，那么在传输完成，管理员手动关闭链路后，也会进入这一阶段。如果检测到载波停止就会进入链路不可用阶段。

PPP 是包含了通信双方身份认证过程的安全性协议，即在网络层协商 IP 地址之前，必须先通过身份认证。PPP 的身份认证有两种形式，即 PAP 和 CHAP。

PAP，密码认证协议（Password Authentication Protocol）是两次握手协议，通过用户名及密码来进行用户身份认证。

CHAP，挑战握手认证协议（Challenge Handshake Authentication Protocol）为三次握手协议，只在网络上传输用户名而不传输密码，因此安全性比 PAP 高。

5.8　PAP

因为业务发展，欣元公司建立了分公司，租用专门的线路用于总公司与分公司的连接。为了保障通信线路的数据安全，欣元公司决定在总公司和分公司之间的广域网链路上启用 PAP，用于分公司的安全接入。

（1）打开 eNSP，新建拓扑图，添加两台型号均为 AR2220 的路由器，标签分别命名为 R1 和 R2，并在相应端口位置添加 2SA 模块。添加两台计算机，标签分别命名为 PC1 和 PC2。按图 5-15 中的端口连线并启动。

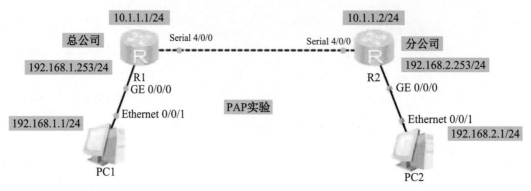

图 5-15　拓扑图

（2）配置路由器

R1 配置：

```
<huawei>system-view
[Huawei]sysname R1
[R1]aaa
[R1-aaa]local-user xy password cipher huawei //认证方设置用户名和密码
[R1-aaa]local-user xy service-type ppp //该服务用于PPP认证
[R1-aaa]quit
[R1]int Serial 4/0/0
[R1-Serial4/0/0]link-protocol ppp //封装PPP协议
[R1-Serial4/0/0]ppp authentication-mode pap // PPP的认证模式是PAP
[R1-Serial4/0/0]ip add 10.1.1.1 24
[R1-Serial4/0/0]quit
[R1]interface GigabitEthernet0/0/0
[R1-GigabitEthernet0/0/0]ip add 192.168.1.253 24
[R1]ip route-static 0.0.0.0 0 10.1.1.2
```

R2 配置：

```
<huawei>system-view
[Huawei]sysname R2
[R2]int Serial 4/0/0
[R2-Serial4/0/0]link-protocol ppp //封装PPP协议
[R2-Serial4/0/0]ppp authentication-mode pap
[R2-Serial4/0/0]ppp pap local-user xy password cipher Huawei
                //被认证方设置用户名和密码
[R2-Serial4/0/0]ip add 10.1.1.2 24
[R2-Serial4/0/0]quit
[R2]interface GigabitEthernet0/0/0
[R2-GigabitEthernet0/0/0]ip add 192.168.2.253 24
[R2]ip route-static 0.0.0.0 0 10.1.1.1
```

（3）为计算机配置 IP 地址，如图 5-16、图 5-17 所示。

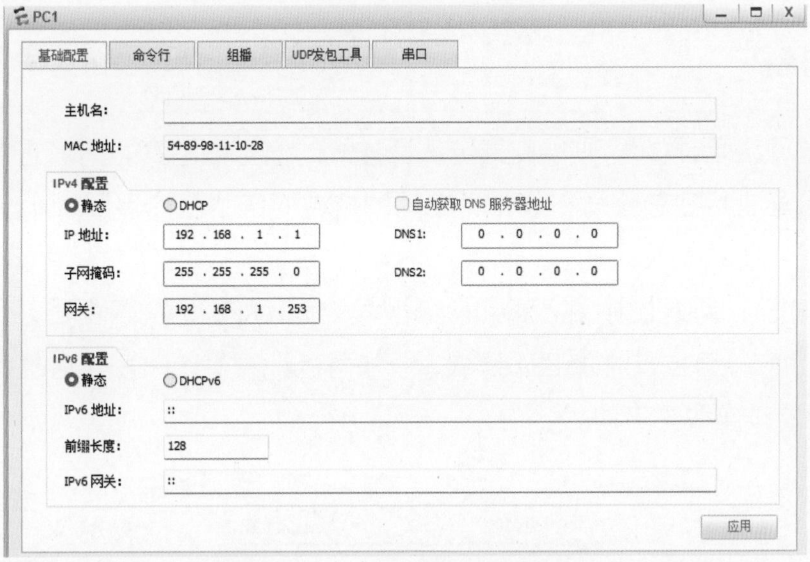

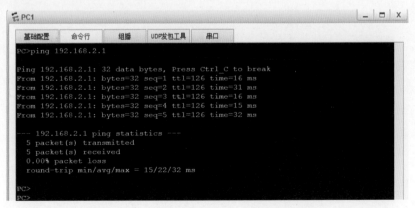

PC1
基础配置
命令行
组播
UDP发包工具
串口
主机名:
MAC 地址:
54-89-98-11-10-28
IPv4 配置
静态
DHCP
自动获取 DNS 服务器地址
IP 地址:
192 . 168 . 1 . 1
DNS1:
0 . 0 . 0 . 0
子网掩码:
255 . 255 . 255 . 0
DNS2:
0 . 0 . 0 . 0
网关:
192 . 168 . 1 . 253
IPv6 配置
静态
DHCPv6
IPv6 地址:
::
前缀长度:
128
IPv6 网关:
::
应用

图 5-16　为 PC1 配置 IP 地址

PC2
基础配置
命令行
组播
UDP发包工具
串口
主机名:
MAC 地址:
54-89-98-3A-12-56
IPv4 配置
静态
DHCP
自动获取 DNS 服务器地址
IP 地址:
192 . 168 . 2 . 1
DNS1:
0 . 0 . 0 . 0
子网掩码:
255 . 255 . 255 . 0
DNS2:
0 . 0 . 0 . 0
网关:
192 . 168 . 2 . 253
IPv6 配置
静态
DHCPv6
IPv6 地址:
::
前缀长度:
128
IPv6 网关:
::
应用

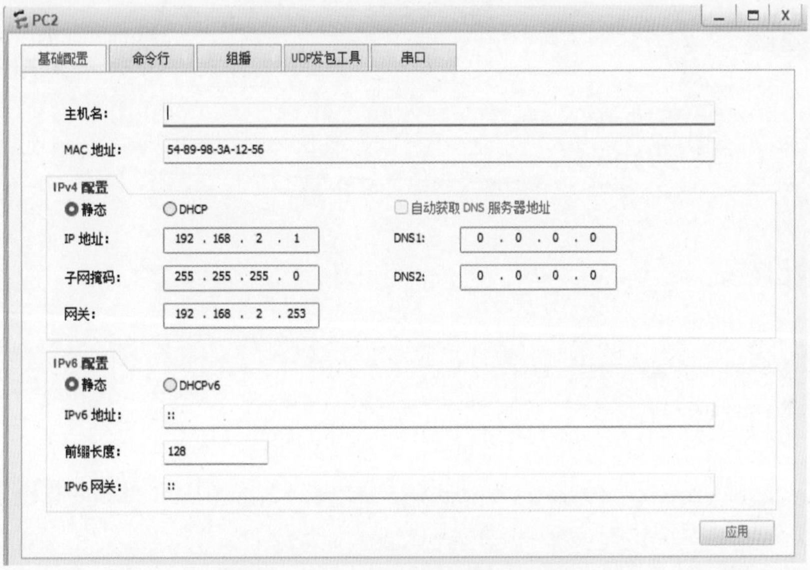

图 5-17　为 PC2 配置 IP 地址

（4）验证连通性，如图 5-18 所示。

PC1
基础配置
命令行
组播
UDP发包工具
串口
PC>ping 192.168.2.1
Ping 192.168.2.1: 32 data bytes, Press Ctrl_C to break
From 192.168.2.1: bytes=32 seq=1 ttl=126 time=16 ms
From 192.168.2.1: bytes=32 seq=2 ttl=126 time=31 ms
From 192.168.2.1: bytes=32 seq=3 ttl=126 time=16 ms
From 192.168.2.1: bytes=32 seq=4 ttl=126 time=15 ms
From 192.168.2.1: bytes=32 seq=5 ttl=126 time=32 ms
--- 192.168.2.1 ping statistics ---
5 packet(s) transmitted
5 packet(s) received
0.00% packet loss
round-trip min/avg/max = 15/22/32 ms
PC>
PC>

图 5-18　验证 PC1 与 PC2 的连通性

验证的结果是 PC1 与 PC2 互通。至此，实验结束。

5.9　CHAP

　　欣元公司的网络管理员发现 PAP 身份认证方式的安全性不高，为了进一步提高网络的安全性，欣元公司决定在总公司和分公司之间的广域网链路上启用 CHAP，以实现总公司路由器对分公司路由器的身份认证。

　　（1）打开 eNSP，新建拓扑图。添加两台型号均为 AR2220 的路由器，标签分别命名为 R1 和 R2，并在相应端口位置添加 2SA 模块，添加两台计算机，标签分别命名为 PC1 和 PC2。按图 5-19 中的端口连线并启动。

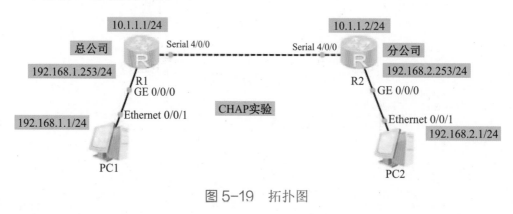

图 5-19　拓扑图

　　（2）配置路由器。

R1 配置：

```
<huawei>system-view
[Huawei]sysname  R1
[R1]aaa
[R1-aaa]local-user xy password cipher huawei//认证方设置用户名和密码
[R1-aaa]local-user xy service-type ppp
[R1-aaa]quit
[R1]int Serial 4/0/0
[R1-Serial4/0/0]link-protocol ppp //封装PPP协议
[R1-Serial4/0/0]ppp authentication-mode chap //PPP的认证模式为CHAP
[R1-Serial4/0/0]ip add 10.1.1.1 24
[R1-Serial4/0/0]quit
[R1]interface GigabitEthernet0/0/0
[R1-GigabitEthernet0/0/0]ip add 192.168.1.253 24
[R1-GigabitEthernet0/0/0]quit
[R1]ip route-static 0.0.0.0 0 10.1.1.2
```

R2 配置：

```
<huawei>system-view
[Huawei]sysname  R2
[R2]int Serial 4/0/0
[R2-Serial4/0/0]link-protocol ppp //封装PPP协议
```

```
[R2-Serial4/0/0]ppp chap user xy //被认证方设置用户名
[R2-Serial4/0/0]ppp chap  password cipher huawei //被认证方设置密码
[R2-Serial4/0/0]ip add 10.1.1.2 24
[R2-Serial4/0/0]quit
[R2]interface GigabitEthernet0/0/0
[R2-GigabitEthernet0/0/0]ip add 192.168.2.253 24
[R2-GigabitEthernet0/0/0]quit
[R2]ip route-static 0.0.0.0 0 10.1.1.1
```

（3）为计算机配置 IP 地址，如图 5-20、图 5-21 所示。

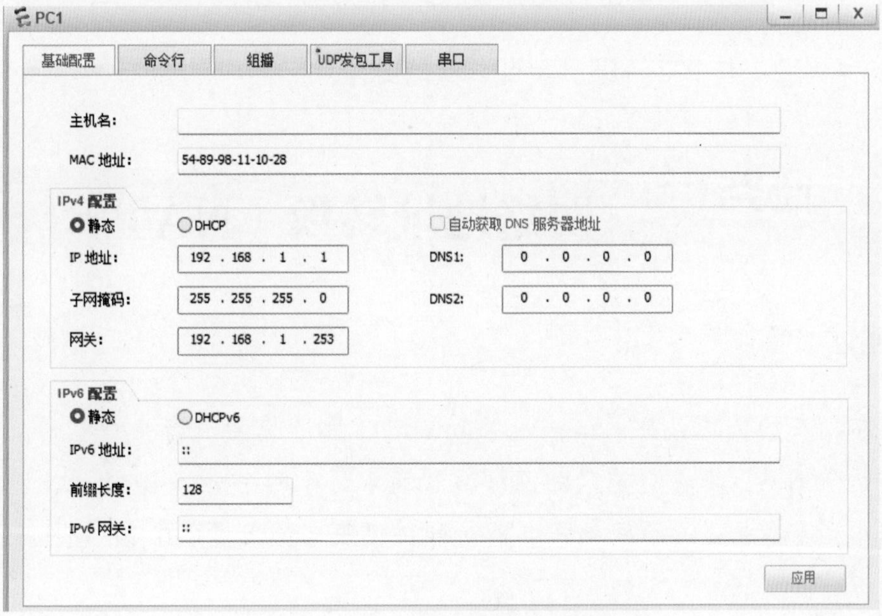

图 5-20　为 PC1 配置 IP 地址

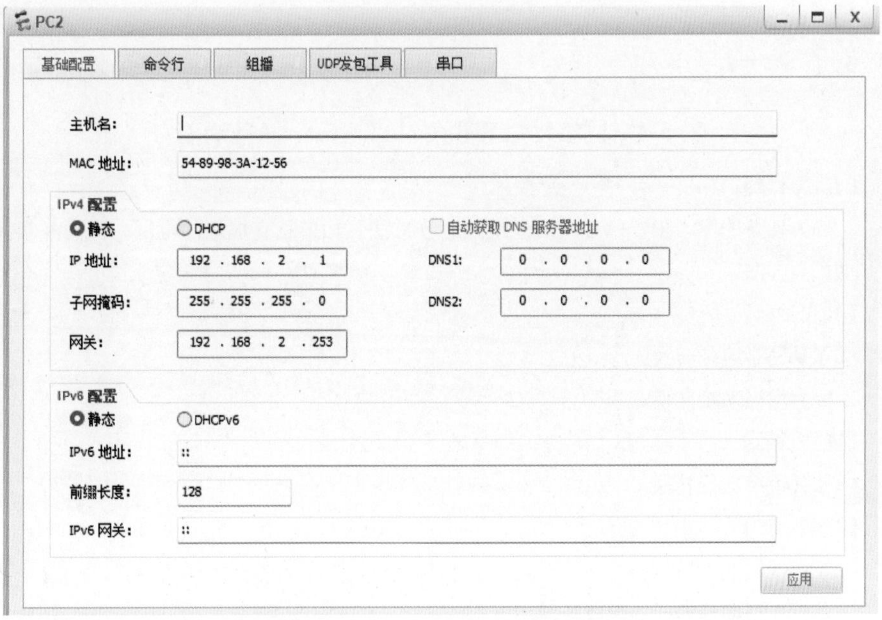

图 5-21　为 PC2 配置 IP 地址

（4）验证连通性，如图 5-22 所示。

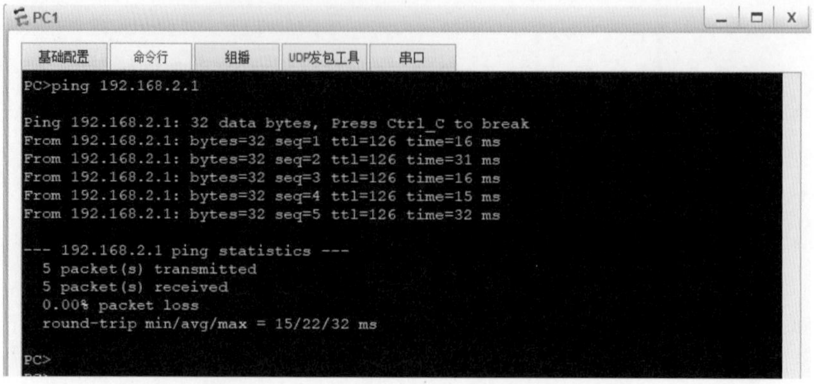

图 5-22 验证 PC1 与 PC2 连通性

验证的结果是 PC1 与 PC2 互通。至此，实验结束。

任务 ㉓ 网络地址转换（NAT）

任务描述

小张同学所在的公司办公网络接入了 Internet，由于需要进行企业宣传，因此建立了推广和业务交流网站。现在公司只向网络运营商申请了两个公网 IP 地址，网站服务器位于公司内网中，现要求公司的网站服务器对外提供服务，让客户在 Internet 上可以访问公司的网站。

任务清单

任务清单如表 5-4 所示。

表 5-4　网络地址转换（NAT）——任务清单

任务目标	【素质目标】 　在本任务的学习中，掌握网络地址的划分方法，知道私有地址的范围，熟悉并掌握网络地址转换的配置方法。 【知识目标】 　了解网络地址转换； 　配置网络地址转换。 【能力目标】 　掌握网络地址转换
任务重难点	【任务重点】 　了解网络地址转换； 　掌握网络地址转换的配置方法。 【任务难点】 　了解网络地址转换； 　掌握网络地址转换的配置方法

任务内容	1. 网络地址转换协议； 2. 配置网络地址转换协议
所需材料	为每组提供一台安装有 eNSP 的计算机
资源链接	微课、图例、PPT 课件、实训报告单

⏱ **任务实施** ↗

5.10　了解网络地址转换

　　NAT 的英文全称是 Network Address Translation，中文意思是"网络地址转换"。它是一个 IETF 标准，允许一个整体机构以一个公用 IP 地址出现在 Internet 上。顾名思义，它是一种把内部私有网络地址翻译成合法网络 IP 地址的技术。

　　当内部节点要与外部网络进行通信时，在网关处，要将内部地址替换成公用地址，从而在外部公网上正常使用。NAT 可以使多台计算机共享 Internet 连接，这个功能很好地解决了公共 IP 地址紧缺的问题。通过这种方法，可以只申请一个合法 IP 地址，就把整个局域网中的计算机接入 Internet。这时，NAT 屏蔽了内部网络，内部网所有计算机对于公共网络来说都是不可见的，而内部网计算机用户通常不会意识到 NAT 的存在。网络地址转换示意图如图 5-23 所示。

图 5-23　网络地址转换示意图

　　NAT 可以分为三种类型：一是静态 NAT，二是动态 NAT，三是网络地址端口转换 NAPT。

　　静态 NAT，是指将内部网络的私有 IP 地址转换为公有 IP 地址，IP 地址是一对一的，是一成不变的，某个私有 IP 地址只被转换为某个公有 IP 地址。借助于静态转换，可以实现外部网络对内部网络中某些特定设备（如服务器）的访问。

　　动态 NAT，是指不建立内部地址和全局地址的一对一的固定对应关系，而通过共享 NAT 地址池的 IP 地址动态建立 NAT 的映射关系。当内网主机需要进行网络地址转换时，路由器会在 NAT 地址池中选择空闲的全局地址进行映射，每条映射记录是动态建立的，在连接终止时被收回。

网络地址端口转换 NAPT，是把内部地址映射到外部网络的一个 IP 地址的不同端口上。它可以将中小型的网络隐藏在一个合法的 IP 地址后面。

5.11 静态 NAT 配置实验

（1）打开 eNSP，新建拓扑图，添加两台型号均为 AR2220 的路由器，标签分别命名为 R1 和 R2。添加一台型号为 S5700-28C-HI 的交换机，标签命名为 SW1。添加一台计算机，标签命名为 PC1。按图 5-24 中的端口进行连线并启动。

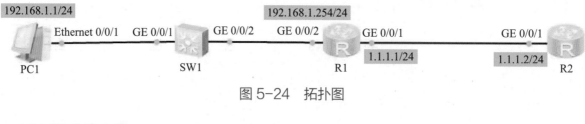

图 5-24　拓扑图

（2）配置路由器。

R1 配置：

```
<Huawei>system-view
[Huawei]sysname R1
[R1]interface GigabitEthernet0/0/2
[R1-GigabitEthernet0/0/2]ip add 192.168.1.254 24
[R1-GigabitEthernet0/0/2]quit
[R1]interface GigabitEthernet0/0/1
[R1-GigabitEthernet0/0/1]ip address 1.1.1.1 24
[R1]interface GigabitEthernet0/0/1
[R1-GigabitEthernet0/0/1]nat static global 1.1.1.10 inside
192.168.1.1
```

R2 配置：

```
<Huawei>system-view
[Huawei]sysname R2
[R2]interface GigabitEthernet0/0/1
[R2-GigabitEthernet0/0/1]ip add 1.1.1.2 24
```

（3）为计算机配置 IP 地址，如图 5-25 所示。

（4）验证连通性，如图 5-26、图 5-27 所示。

未配置 NAT 之前，不能 ping 通 IP 地址 1.1.1.2。

配置静态 NAT 之后，可以 ping 通 IP 地址 1.1.1.2。

至此，实验结束。

图 5-25　为 PC1 配置 IP 地址

图 5-26　不能 ping 通 IP 地址 1.1.1.2

图 5-27　可以 ping 通 IP 地址 1.1.1.2

5.12　配置 NAT，实现从外网访问网站服务器

（1）打开 eNSP，新建拓扑图，添加两台型号均为 AR2220 的路由器，标签分别命名为
LAN 和 ISP，并在相应端口位置添加 2SA 模块。添加一台服务器和一台客户机，按图 5-28
中的端口连线并启动。

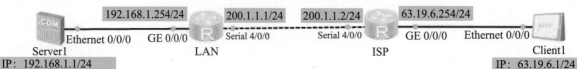

Server1
IP: 192.168.1.1/24
GW: 192.168.1.254/24

Ethernet 0/0/0 GE 0/0/0 Serial 4/0/0 Serial 4/0/0 GE 0/0/0 Ethernet 0/0/0

LAN ISP Client1

IP: 63.19.6.1/24
GW: 63.19.6.254/24

图 5-28　拓扑图

（2）配置路由器。

LAN 配置：

```
[Huawei]system-view
[Huawei]sysname LAN
[LAN]int g 0/0/0
[LAN-GigabitEthernet0/0/0]ip add 192.168.1.254 24
[LAN-GigabitEthernet0/0/0]quit
[LAN]int Serial 4/0/0
[LAN-Serial4/0/0]ip add 200.1.1.1 24
[LAN-Serial4/0/0]quit
[LAN]ip route-static 0.0.0.0 0.0.0.0 Serial 4/0/0
[LAN]int Serial 4/0/0
[LAN-Serial4/0/0]nat server global 200.1.1.5 inside 192.168.1.1
[LAN-Serial4/0/0]quit
```

ISP 配置：

```
<Huawei>sys
[Huawei]sysname ISP
[ISP]int g 0/0/0
[ISP-GigabitEthernet0/0/0]ip add 63.19.6.254 24
[ISP-GigabitEthernet0/0/0]quit
[ISP]int Serial 4/0/0
[ISP-Serial4/0/0]ip add 200.1.1.2 24
[ISP-Serial4/0/0]quit
```

（3）本地计算机配置如图 5-29 所示。

📁 HonorStoreDownload	2023/11/14 21:26	文件夹
📁 HTTP	2023/12/26 17:17	文件夹
📁 Program Files	2023/12/8 18:31	文件夹
📁 Program Files (x86)	2023/12/8 18:29	文件夹
📁 temp	2023/11/26 9:32	文件夹
📁 Windows	2023/12/14 21:36	文件夹
📁 勿动C盘	2023/11/13 20:00	文件夹
📁 用户	2023/11/26 9:32	文件夹
📄 DumpStack.log	2023/11/9 20:02	文本文档　12 KB

图 5-29　本地计算机配置

网络设备安装与调试（华为版）

注：在本地计算机 C 盘下新建文件夹，命名为"HTTP"，之后在该文件夹下新建".html"
文件。这里以"include"为文件名来演示。

（4）服务器和客户机配置如图 5-30、图 5-31、图 5-32 所示。

图 5-30　服务器 1 配置

图 5-31　服务器 2 配置

图 5-32　客户机配置

（5）在客户机上尝试访问"http://200.1.1.5"，如图 5-33 所示。可以正常访问，验证成功，如图 5-34 所示。

图 5-33　在客户机上访问"http://200.1.1.5"

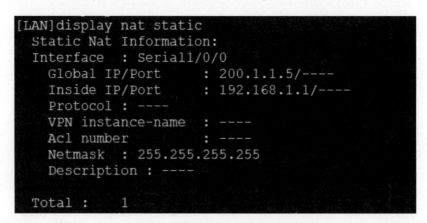

图 5-34　查看 NAT 静态配置信息

至此，实验结束。

思考与实训

一、填空题

1. RIP 是一种_____的路由协议，通过计算到达目的地最少的跳数来选取最佳路径。

2. RIP 中的"距离"也称为"_____"，RIP 的跳数最多计算到_____，每经过一个_____，跳数就加 1。RIP 允许一条路径最多包含 15 个路由器，当超过这个数字时，RIP 认为目的地不可达。RIP 适用于_____。

3. OSPF 是 IETF 组织开发的一个基于_____的内部网关协议，其具有收敛快、路由无环、可扩展等优点。

4. 一个 OSPF 协议网络可以被划分成多个区域。如果一个 OSPF 协议网络只包含一个区域，则被称为_____OSPF 协议网络；如果一个 OSPF 协议网络包含多个区域，则被称为_____OSPF 协议网络。

5. OSPF 是链路状态信息的_____，链路状态信息主要包含在 LSA 中，并通过 LSA 的通告（泛洪）来实现共享。

6. 路由重分发又叫_____、_____。

7. 路由重分发主要分三种情况：一是_____；二是_____；三是将静态路由引入动态路由协议中。

8. PPP 即点对点协议，也叫 P2P，是_____的一种。PPP 的可靠性和安全性较高，并且支持各类网络层协议，可以在不同类型的端口和链路上运行，是目前 TCP/IP 网络中最重要的_____。

9. PPP 是包含了通信双方身份认证的安全性协议，即在_____协商 IP 地址之前，必须先通过身份认证。PPP 的身份认证有两种形式，即 PAP 和 CHAP。

10. PAP，密码认证协议，是_____，它通过用户名及密码来进行用户身份认证。

11. CHAP，挑战握手认证协议，为_____协议，它只在网络上传输用户名而不传密码，因此安全性比 PAP 的安全性高。

12. NAT 中文意思是"_____"，它是一个 IETF 标准，允许一个整体机构以一个公用 IP 地址出现在 Internet 上。顾名思义，它是一种把内部私有网络地址翻译成合法网络 IP 地址的技术。

13. NAT 可以分为三种类型，分别是_____、_____、_____。

14. 静态 NAT，是指将内部网络的_____转换为_____，IP 地址是一对一的，是一成不变的，某个私有 IP 地址只被转换为某个公有 IP 地址。借助于静态转换，可以实现外部网络对内部网络中某些特定设备(如服务器)的访问。

15. 网络地址端口转换（NAPT），是把_____映射到外部网络的一个 IP 地址的_____。它可以将中小型的网络隐藏在一个合法的 IP 地址后面。

二、上机实训

1. RIP 实训，参考图 5-35。

要求如下：

（1）按照图 5-35，在 eNSP 上画出此图。

（2）配置 RIP，实现全网互通。

2. OSPF 实训，参考图 5-36。

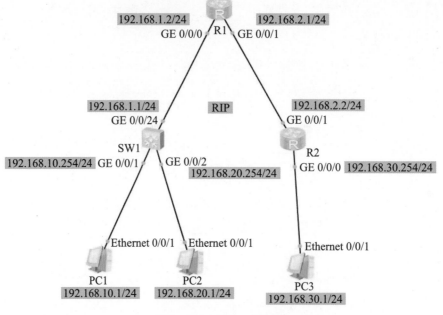

图 5-35　RIP 实训图

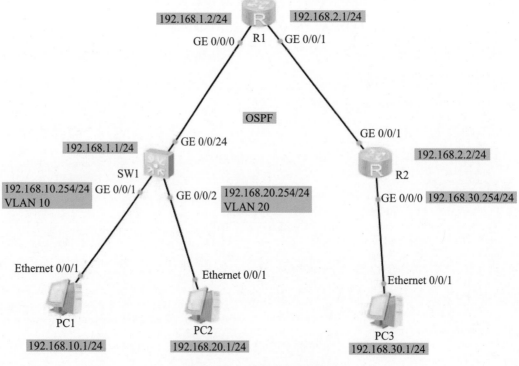

图 5-36　OSPF 实训图

要求如下：

（1）按照图 5-36 所示，在 eNSP 上画出此图。

（2）配置 OSPF，实现全网互通。

3．多区域 OSPF 实训，参考图 5-37。

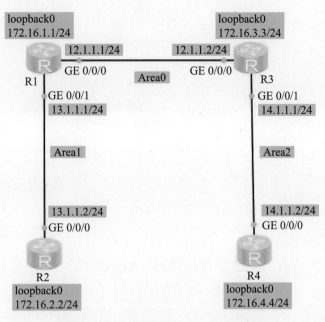

图 5-37　多区域 OSPF 实训图

要求如下:

(1)按照图 5-37,在 eNSP 上画出此图。

(2)配置多区域 OSPF,实现全网互通。

4.路由重分发实训,参考图 5-38。

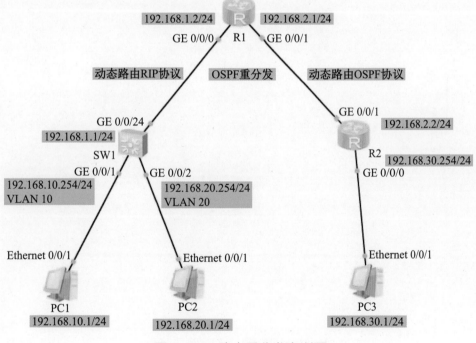

图 5-38　路由重分发实训图

要求如下:

(1)按照图 5-38,在 eNSP 上画出此图。

(2)配置路由重分发,实现全网互通。

5. 静态 NAT 实训，参考图 5-39。

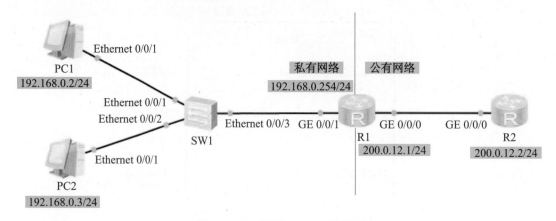

图 5-39　静态 NAT 实训图

要求如下：

（1）按照图 5-39，在 eNSP 上画出此图。

（2）配置静态 NAT，以使 PC1 和 PC2 可以访问公有网络 200.0.12.2。

模块 6

●●●●● 无线网络设备的配置

 认识无线网络设备

🖥 任务描述 ↗

　　无线网络根据使用的技术或标准不同，一般分为无线局域网、无线广域网和无线个人网。本任务主要介绍无线局域网的组成及其设备功能。

📋 任务清单 ↗

　　任务清单如表 6-1 所示。

表 6-1　认识无线网络设备——任务清单

任务目标	【素质目标】 在本任务的学习中，融入我国在无线网络领域发展的成就，激发学生的爱国主义情怀。 【知识目标】 了解无线网络的概念及其技术标准； 了解无线局域网的组网原理及其特点； 认识组建无线局域网的通信设备。 【能力目标】 能够根据用户需求，选用合适的无线网络设备
任务重难点	【任务重点】 了解无线局域网的组网原理及其特点； 认识组建无线局域网的通信设备。 【任务难点】 了解无线网络的概念及其技术标准
任务内容	1. 无线网络及其技术标准； 2. 无线局域网及其特点； 3. 常见无线局域网设备
所需材料	为每组提供能接入网络的计算机一台、无线终端或手持平板一部、无线路由器一台
资源链接	微课、图例、PPT 课件、实训报告单

6.1 无线网络

无线网络是一种通过无线通信技术连接计算机、移动设备和其他网络设备的网络。与传统有线网络相比，无线网络不依赖物理电缆来传输数据，而是使用无线电波或红外线等无线技术进行通信。这种技术使得用户能够在不受电缆限制的情况下，以无线方式访问互联网和其他网络资源。

无线网络技术涵盖的范围很广，既包括允许用户建立远距离无线连接的全球语音和数据网络，也包括对近距离无线连接进行优化的红外线及射频技术。无线网络普遍和电信网络结合在一起，不需要电缆即可将节点相互连接。以下是常见的无线网络标准和技术。

1. Wi-Fi

Wi-Fi是一种常见的无线网络技术，使用Wi-Fi联盟制造商的商标作为产品的品牌认证。它是基于IEEE 802.11标准创建的无线局域网技术，使用射频信号通过无线接入点（AP）连接设备。Wi-Fi技术支持不同的频段和速率，例如2.4GHz和5GHz频段。

目前市面上主流的Wi-Fi技术是基于802.11 ax标准发布的第六代Wi-Fi标准，Wi-Fi联盟从这个标准开始，将原来802.11a/b/g/n/ac之后的ax标准定义为Wi-Fi 6，从而可以将之前的802.11a/b/g/n/ac标准依次追加为Wi-Fi1/2/3/4/5。而基于802.11be标准技术的Wi-Fi 7近些年在市场上开始活跃，相较于Wi-Fi 6，Wi-Fi 7能充分利用新频段，通过多链路操作（Multi-Link Operation）技术实现更快的访问速度和更低的时延。另外，在4K QAM技术的加持下，Wi-Fi 7的最高理论速率可以达到46Gbit/s，这是Wi-Fi 6最高理论速率的3倍以上。

中国在2013年左右开始大规模推广和应用Wi-Fi技术。当时，我国政府提出了一系列政策措施来促进信息化建设和发展，其中包括加快公共场所Wi-Fi网络的建设和普及。在此背景下，中国的各大城市开始大规模部署公共Wi-Fi网络，包括地铁、公交车站、公园、商业区等公共场所。随后我国在2014年左右开始实施"互联网+"战略，旨在推动互联网与各行各业的深度融合和创新发展。在Wi-Fi 7技术领域，国内企业也在不断努力创新研发，全球Wi-Fi 7标准专利贡献榜单上就有多家中国厂商，这也证明了我国在无线网络技术领域的创新实力。

2. 蓝牙

蓝牙是一种支持设备短距离通信（一般在10m内）的无线电技术，能在包括移动电话、无线耳机、笔记本电脑、相关外设等众多设备之间进行无线信息交换。利用蓝牙技术，能够有效地简化移动终端设备之间的通信，也能够成功地简化设备与Internet之间的通信，从而使数据传输变得更加迅速高效，为无线通信拓宽道路。

蓝牙技术及蓝牙产品的特点主要有：

（1）蓝牙技术适用的设备多，无须电缆，而是通过无线电技术使相关设备进行通信。

（2）蓝牙技术的工作频段全球通用。全球范围内的用户都可以无界限地使用蓝牙技术，打破了蜂窝式移动电话的国界障碍。

（3）蓝牙技术的安全性和抗干扰能力强。由于蓝牙技术具有跳频的功能，可有效避免 ISM 频带遇到干扰源。

（4）蓝牙技术的兼容性强。蓝牙技术已经发展成为独立于操作系统的一项技术，具有良好的兼容性。

（5）传输距离较短。现阶段，蓝牙技术的主要工作范围在 10m 左右，增加射频功率后的蓝牙技术可以在 100m 的范围进行工作，这样能够保证蓝牙在传播时的工作质量与效率，从而提高蓝牙的传播速度。

3. 星闪

星闪，是新一代无线短距离通信技术的创新和产业生态，该技术可满足智能汽车、工业智造、智慧家庭、个人穿戴等多场景对低时延、高可靠、精同步、多并发的技术需求，是中国原生的新一代近距离无线连接技术，更是我国科技自立自强的又一重要里程碑。

星闪技术具有低功耗、高传输效率和高连接数量等优势，被誉为超级蓝牙。其功能和 Wi-Fi、蓝牙类似。为了融合这两种技术不同的特性，星闪采用了特殊的架构设计，从上到下分别是基础应用层、基础服务层、星闪接入层。基础应用层用于实现各类应用功能，服务于汽车、家居、影音等不同场景；基础服务层包括很多基础功能单元，通过它们提供对上层应用功能及系统管理维护的支持；星闪接入层最为特别，它提供了 SLB（基础接入）和 SLE（低功耗接入）两种通信端口，分别对应 Wi-Fi 和蓝牙两种不同类型的网络场景需求。

4. 移动通信网络

移动通信网络主要通过移动基站提供无线通信服务，是无线通信的现代化技术，这种技术是电子计算机与移动互联网发展的重要成果之一。移动通信技术经过第一代、第二代、第三代、第四代技术的发展，目前，已经迈入了第五代发展的时代（5G 移动通信技术）。这些网络用于提供移动设备（如智能手机、平板电脑）的互联网访问。

移动通信每一次代际跃迁，都极大地促进了产业升级和经济社会发展。从 1G 到 2G，实现了模拟通信到数字通信的过渡，移动通信走进了千家万户。从 2G 到 3G，实现了语音业务到数据业务的转变，传输速率呈百倍提升，促进了移动互联网应用的普及和繁荣。4G 网络造就了繁荣的互联网经济，新服务、新业务不断涌现，移动数据业务流量爆炸式增长。5G 作为一种新型移动通信网络技术，不仅要解决人与人之间的通信，为用户提供增强现实、虚拟现实、超高清视频等更加身临其境的极致业务体验，更要解决人与物、物与物之间的通信问题，满足移动医疗、车联网、智能家居、工业控制、环境监测等物联网应用需求。

159

最终，5G 将渗透到经济社会的各行各业，成为支撑经济社会数字化、网络化、智能化转型的基础设施。

5G 融合应用是促进经济社会数字化、网络化、智能化转型的重要引擎。为贯彻落实习近平总书记关于加快 5G 发展的重要指示精神，党中央、国务院决策部署，大力推动 5G 全面协同发展，深入推进 5G 赋能千行百业，促进形成"需求牵引供给，供给创造需求"的高水平发展模式，驱动生产方式、生活方式和治理方式升级，培育壮大经济社会发展新动能。2021 年 7 月 12 日，工业和信息化部、中央网信办、国家发改委等十部门联合印发《5G 应用"扬帆"行动计划（2021—2023 年）》，提出到 2023 年我国 5G 应用发展水平显著提升，综合实力持续增强，要实现 5G 在大型工业企业渗透率达到 35%，重点行业 5G 示范应用标杆数达到 100 个，5G 物联网终端用户数年均增长率达到 200%三大指标，推动 5G 应用"扬帆远航"。

5. 红外线通信

红外线通信是利用红外线来传输信号的通信方式。红外线通信系统一般由红外线发射系统和接收系统组成。红外线通信的最大优点是不受无线电干扰，但是红外线对非透明物体的透过性较差，导致传输距离受限制，如红外线遥控器等。

无线网络是利用以上各种无线网络技术进行传输数据的网络的总称。根据其覆盖范围和使用技术的不同进行分类，一般分为无线局域网（WLAN）、无线广域网（WWAN）和无线个人网（WPAN），本章任务主要介绍无线局域网的组成及其设备功能。

6.2 无线局域网

无线局域网（Wireless Local Area Network，WLAN）是一种通过无线通信技术连接局域网内设备的网络。它使用无线信号而不是传统的有线连接，使设备能够在局域网覆盖的范围内进行通信和数据传输。无线局域网主要使用 Wi-Fi 技术，故很多人在接入无线局域网时也称 WLAN 为 Wi-Fi。无线局域网的主要特点和优势如下。

（1）组网方便。WLAN 使用无线电波在设备之间通信，消除了对物理连接（例如电缆）的需求，使设备可以在无须直接接触的情况下进行通信。设备可通过无线路由器或接入点连接到有线网络，也可直接在彼此之间建立热点链接，无须无线接入点。

（2）兼容性高。Wi-Fi 技术基于 IEEE 802.11 系列标准，这一系列标准定义了无线局域网的协议、数据传输速率、频率等规范，确保不同制造商的设备之间的兼容性。

（3）速度快并提供漫游服务。Wi-Fi 工作在不同的频段，最常见的是 2.4GHz 和 5GHz 频段，较高的频谱带宽通常意味着更大的数据传输能力。Wi-Fi 设备支持漫游，这使用户能够在覆盖范围内自由移动，而无须断开连接。

（4）安全性强。Wi-Fi 网络支持多种加密协议，如 WEP、WPA 和 WPA2，以确保数据在传输过程中的安全性和隐私性。

6.3 常见无线局域网设备

无线局域网（WLAN）设备涵盖了各种工具和硬件。以下是一些常见的无线局域网设备。

1. 无线路由器

无线路由器（Wireless Router）是一种集成了路由器和无线接入点功能的设备。无线路由器通常支持Wi-Fi标准，如802.11n、802.11ac或802.11ax。它被连接到互联网并通过无线信号提供网络接入，同时允许有线设备通过以太网端口连接，如图6-1所示。

2. 无线接入点

无线接入点（Wireless Access Point，无线AP）是一种专门用于提供无线连接的设备，通常与有线网络连接，扩展网络覆盖范围。大型企业或公共场所可能使用多个AP来提供更广泛的覆盖，如图6-2所示。

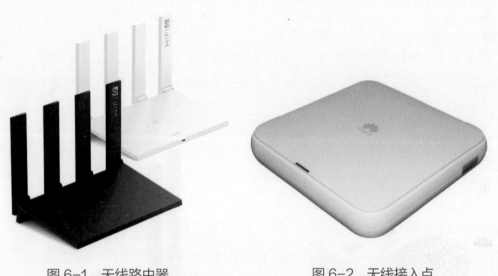

图6-1 无线路由器　　　　　　　　图6-2 无线接入点

根据功能和特点，无线AP可以分为胖AP（Fat AP）和瘦AP（Fit AP）两种类型。胖AP是一种集中式的无线控制器，通常具有较强的处理能力和丰富的管理功能，例如用户访问控制、流量控制、信道优化等。胖AP组网的优点是不用改变现有有线网络的结构，配置相对独立简单；缺点是无法进行统一管理和配置，每台需要单独进行配置，当部署大规模的WLAN时，胖AP部署和维护的成本更高。

瘦AP则是一种相对简单的无线设备，其管理功能相对较弱，通常只负责将数据包转发到网络中心。而采用无线接入控制器（AC）+瘦AP的架构，可以将密集型的无线网络和安全处理功能从无线AP转到AC中统一实现，无线AP只用来作为无线数据的收发设备。在机场、学校、公园、地铁等无线覆盖场景中，需要大量的无线AP，因此为实现无线AP的统一管理，在这些地区的无线组网中往往采用AC+瘦AP组网模式。

3. 无线接入控制器

无线接入控制器（Wireless Access Controller，无线 AC），是用于集中管理和监控大规模无线网络的设备。AC 负责协调多个无线 AP，确保无缝地漫游和优化网络性能，如图 6-3 所示。

图 6-3　无线接入控制器

4. 无线网卡

无线网卡（Wireless Network Card）是安装在计算机或其他设备上的硬件，以使其能够连接到无线网络。无线网卡可以是内置在设备中的组件，也可以是外部插入式的 USB 无线适配器，如图 6-4 所示。

图 6-4　无线网卡

5. 无线扩展器

无线扩展器（Wireless Range Extender）或称为无线信号放大器用于扩展现有无线网络的覆盖范围，如图 6-5 所示。无线扩展器可接收现有的无线信号并将其放大，从而提高网络在较远区域的可及性。

6. 无线网关

无线网关（Wireless Gateway）是一种整合了路由器、交换机、防火墙和无线接入点等

网络设备安装与调试（华为版）

功能的设备，通常由互联网服务提供商提供，如图 6-6 所示。无线网关允许多个设备通过有线或无线方式连接到互联网。

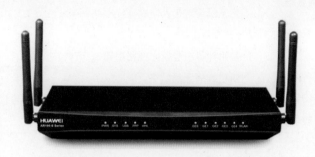

图 6-5　无线扩展器　　　　　　　　　　图 6-6　无线网关

以上这些设备共同构成了无线局域网的基础设施，用于创建、维护和优化无线网络连接。根据网络规模和需求的不同，用户使用的具体设备可能会有所变化。

任务25　组建家庭无线网络

 **任务描述**

小明同学需要为自己家庭组建一个无线网络，以方便家庭成员使用手机等无线终端接入互联网。这个任务旨在让学生了解家庭无线网络组建的基本原理及设置过程。

任务清单

任务清单如表 6-2 所示。

表 6-2　组建家庭无线网络——任务清单

任务目标	【素质目标】 通过本任务的学习，使学生养成逻辑分析的习惯，培养学生团队协作的职业素养。 【知识目标】 认识组建家庭无线网络的设备； 掌握家庭无线网络组建的原理。 【能力目标】 能够组建家庭无线网络； 能够将无线终端接入家庭无线网络，并访问互联网

任务重难点	【任务重点】 使用计算机登录无线路由器； 无线路由器的基本配置方法； 将无线终端接入家庭无线网络； 【任务难点】 使用计算机登录无线路由器
任务内容	组建家庭无线网络
所需材料	为每组提供能接入网络的计算机一台、无线终端或手持平板一部、无线路由器一台
资源链接	微课、图例、PPT 课件、实训报告单

任务实施

6.4 家庭无线网络搭建实验

要组建家庭无线网络，首先要选择一款性能良好且适合家庭需求的无线路由器。根据房屋面积大小和设备数量，来判断无线路由器的覆盖范围和连接能力是否足够。本任务以华为 AX3 无线路由器为例进行介绍。

1. 使用计算机登录无线路由器

（1）将华为 AX3 无线路由器放置在家中各个设备都能够接收到信号的位置，避免将其放置在障碍物或有干扰信号的设备附近。将华为 AX3 无线路由器连接电源，并等待路由器完全启动。

（2）使用双绞线将计算机和华为 AX3 路由器任意自适应网口相连接，如图 6-7 所示。将计算机 IP 地址获得方式改为自动获得，如图 6-8 所示。

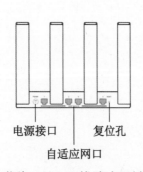

图 6-7　华为 AX3 无线路由器端口示意图

图 6-8　设置计算机 IP 地址获得方式

网络设备安装与调试（华为版）

（3）查看华为 AX3 路由器底部产品标签，如图 6-9 所示。打开计算机浏览器，在地址栏中输入华为 AX3 路由器底部标签上的默认 IP 地址 192.168.3.1，登录华为 AX3 路由器管理界面，如图 6-10 所示。不同品牌路由器的登录地址不同，通常为 192.168.1.1 或 192.168.0.1，准确地址均可在路由器的说明书中找到。

图 6-9　华为 AX3 路由器底部标签

图 6-10　华为 AX3 路由器管理界面

（4）登录路由器时，所需的用户名和密码通常也可以在说明书中找到。

2. 无线路由器的基本配置

（1）登录进入华为 AX3 路由器管理界面，单击"开始配置"按钮，选择"创建一个 Wi-Fi 网络"，如图 6-11 所示，并单击"下一步"按钮。

（2）进入设备连线管理界面，并继续单击"下一步"按钮，此时管理界面提示"检测到网线未连接"，单击"暂不连接网线"按钮，如图 6-12 所示。

（3）进入网络配置界面，选择自动获取 IP 地址，并继续单击"下一步"按钮，如图 6-13 所示。

图 6-11　华为 AX3 路由器安装方式

图 6-12　设备连线管理界面　　　　　　　　　图 6-13　网络配置界面

（4）进入路由设置界面，将 Wi-Fi 命名为 "JIATING-WLAN" 并设置 Wi-Fi 密码和路由器登录密码，密码尽量包含大小写字母、符号及数字等，如图 6-14 所示，并单击 "下一步" 按钮，完成无线路由器的基本配置。

图 6-14　设置 Wi-Fi 名称及密码

3. 无线终端设备的接入

（1）将笔记本电脑接入无线网络：单击屏幕右下角的"网络"图标 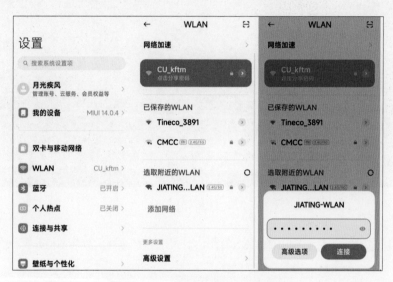，弹出网络管理界面，激活"WLAN"图标 ，单击"→"按钮，进入 WLAN 选择界面，连接已经设置好的 Wi-Fi 网络"JIATING-WLAN"，输入 Wi-Fi 密码，单击"下一步"按钮，连接成功。

（2）将手机接入无线网络：单击手机"设置"图标，进入 WLAN 管理界面，选择已经设置好的 Wi-Fi 网络"JIATING-WLAN"，输入 Wi-Fi 密码，单击"连接"按钮即可，如图 6-15 所示。

图 6-15　将手机接入 WLAN

4. 测试家庭网络设备的连通性

（1）打开手机"WLAN"设置界面，查看"JIATING-WLAN"网络配置信息，可看到 IP 地址为"192.168.3.3"，如图 6-16 所示。

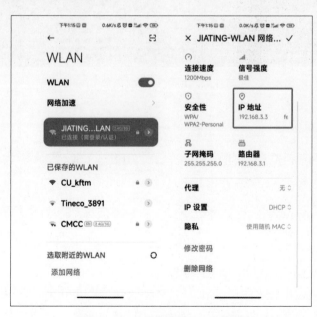

图 6-16　查看手机 IP 地址

（2）在计算机上使用快捷【WIN+R】，进入"运行"对话框，输入"cmd"打开命令提示窗口。

（3）在命令提示窗口输入"ipconfig/all"命令，可看到计算机的 IP 地址为"192.168.3.2"，如图 6-17 所示。

图 6-17　计算机的 IP 地址

（4）在计算机的命令提示窗口输入"ping 192.168.3.3"命令，查看计算机与手机之间的连通情况。若有返回的数据包，则证明设备之间通信正常，家庭组网成功，如图 6-18 所示。

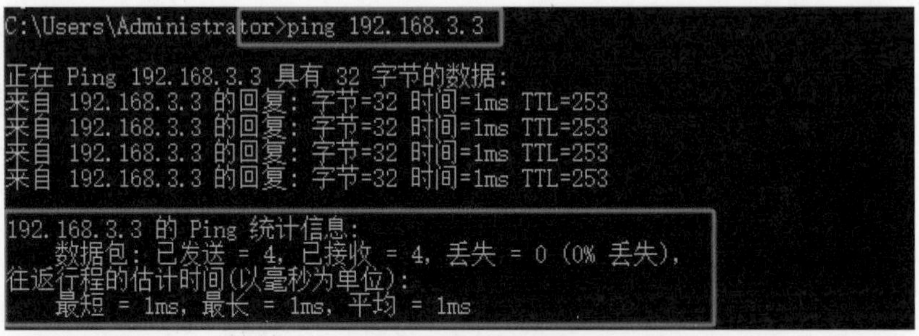

图 6-18　测试连通性

5. 从家庭网络访问互联网

（1）使用计算机，在浏览器地址栏输入"192.168.3.1"，登录华为 AX3 路由器配置界面，单击"我要上网"进入路由器连网设置界面。

（2）上网方式一：使用宽带账号登录上网，在"上网方式"中选择"宽带账号上网（PPPoE）"，输入宽带账号和密码，如图 6-19 所示（宽带账号和密码由互联网服务供应商提供）。单击"保存"按钮后，提示已成功连接到互联网。

（3）上网方式二：使用光猫连接路由器，因光猫自带 DHCP 服务功能，故选择上网方式为"自动获取 IP（DHCP）"，如图 6-20 所示，单击"保存"按钮后，提示已成功连接到互联网。

图 6-19 使用宽带账号上网方式

图 6-20 使用自动获取 IP 上网方式

（4）返回浏览器，在地址栏输入电子工业出版社官方网站地址 "https://www.phei. com.cn/"，如图 6-21 所示，弹出网站首页，访问成功。

图 6-21 访问互联网

任务描述

小明毕业后入职了一家公司，公司需要进行大规模 WLAN 组网，要求使用 AC 对网络中的多个 AP 进行统一管理，实现手机等无线终端接入互联网。这个任务旨在让学生了解企业分布式无线网络的基本原理、组成及设置过程。

任务清单

任务清单如表 6-3 所示。

表 6-3　组建企业分布式无线网络——任务清单

任务目标	【素质目标】 　通过本任务的学习，使学生养成逻辑分析的习惯，培养学生独立解决问题的职业素养。 【知识目标】 　了解基于无线接入点的网络架构； 　了解 AC+AP 的组网方式原理。 【能力目标】 　能够配置华为无线接入控制器 AC； 　能够配置华为 AP 的基本参数； 　能够进行 AC+AP 方式组网； 　能够配置 AC 的安全策略
任务重难点	【任务重点】 　配置华为无线接入控制器 AC； 　配置 AC+AP 的组网方式。 【任务难点】 　AC+AP 的组网方式原理； 　配置 AC 的安全策略
任务内容	AC+瘦 AP 的网络组建
所需材料	为每组提供一台能接入网络且安装了 eNSP 的计算机
资源链接	微课、图例、PPT 课件、实训报告单

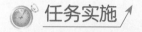

6.5 AC+瘦 AP 的网络组建

1. 基于无线接入点的网络架构

基于无线接入点的 WLAN 网络架构分成有线侧和无线侧两部分。有线侧是指 AP 上行到 Internet 的网络,使用以太网协议;无线侧是指无线终端设备到 AP 之间的网络,使用 802.11 协议。从无线侧接入的 WLAN 网络架构为集中式架构。从最初的胖 AP 架构演进为 AC+瘦 AP 组网架构,如图 6-22 所示。

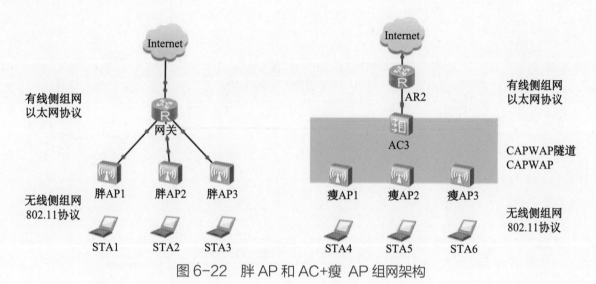

图 6-22　胖 AP 和 AC+瘦 AP 组网架构

2. AC+瘦 AP 的组网方式

为满足大规模组网的要求,AC 需要对网络中的多个瘦 AP 进行统一管理。IETF 组织成立了 CAPWAP 工作组,最终制定了 CAPWAP(无线接入点的控制和配置协议)。该协议定义了 AC 如何对 AP 进行管理和业务配置,即在 AC 与 AP 间首先会建立 CAPWAP 隧道,然后 AC 通过 CAPWAP 隧道来实现对 AP 的集中管理和控制。AC 的连接方式分为直连式和旁挂式,如图 6-23 所示。

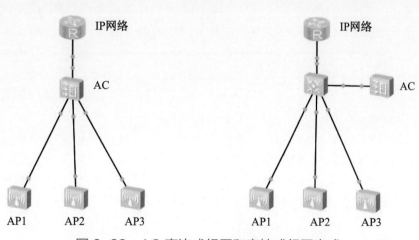

图 6-23　AC 直连式组网和旁挂式组网方式

171

在直连式组网方式下，AC 被部署在用户的转发路径上。这种组网方式的特点是：组网架构清晰，组网实施起来简单，但对 AC 的吞吐量以及数据处理能力要求比较高，否则 AC 会是整个无线网络带宽的瓶颈。在旁挂式组网方式中，AC 只承载对 AP 的管理功能，管理流封装在 CAPWAP 隧道中传输。数据业务流可以通过 CAPWAP 隧道经 AC 转发，也可以不经过 AC 转发而直接转发，直接转发时无线用户业务流经汇聚交换机传输至上层网络。

3．模拟企业无线分布式网络

（1）创建实验拓扑图，添加 S5700 交换机一台、AC6005 无线控制器一台、无线接入点 AP2050 一部、无线笔记本电脑两台 STA1 和 STA2、手机 Cellphone1 一部，并按拓扑图连接，启动设备，如图 6-24 所示。

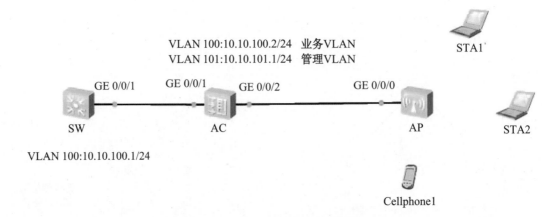

图 6-24　AC+AP 无线网络拓扑图

（2）整体的实验主要在 AC 中完成，双击 AC，打开 CLI 界面，进行 AC 基本配置，创建管理 VLAN 101 及业务 VLAN 100。

```
<AC6005>system-view
[AC6005]undo info enable                        //关闭信息提示
[AC6005]vlan batch 100 101                       //创建VLAN 100和VLAN 101
[AC6005]interface GigabitEthernet0/0/1           //上行端口配置
[AC6005-GigabitEthernet0/0/1]port link-type trunk
                                                 //设置端口模式为trunk
[AC6005-GigabitEthernet0/0/1]port trunk all vlan all
                                                 //允许所有VLAN通过
[AC6005-GigabitEthernet0/0/1]interface GigabitEthernet0/0/2
                                                 //下行端口配置
[AC6005-GigabitEthernet0/0/2]port link-type trunk
                                                 //设置端口模式为trunk
[AC6005-GigabitEthernet0/0/2]port trunk pvid vlan 101
                                                 //配置当前端口为默认VLAN
[AC6005-GigabitEthernet0/0/2]port trunk all vlan all
                                                 //允许所有VLAN通过
```

网络设备安装与调试（华为版）

（3）配置 DHCP 服务：

```
<AC6005>system-view
[AC6005]ip pool gongsi                  //定义IP地址池名字为gongsi
[AC6005-ip-pool-gongsi]network 10.10.100.0 mask 24
                                        //IP地址池网段为10.10.100.0/24
[AC6005-ip-pool-gongsi]gateway-list 10.10.100.1
                                        //网关为10.10.100.1
[AC6005-ip-pool-gongsi]dns-list 10.10.100.254
                                        //DNS服务器地址为10.10.100.1
[AC6005-ip-pool-gongsi]excluded-ip-address 10.10.100.1
                                        //保留IP地址10.10.100.1
[AC6005-ip-pool-gongsi]excluded-ip-address 10.10.100.2
                                        //保留IP地址10.10.100.2
[AC6005-ip-pool-gongsi]quit
[AC6005]dhcp enable                     //启动DHCP服务
[AC6005]inter vlanif100                 //配置VLAN 100
[AC6005-Vlanif100]ip address 10.10.100.2 24
                                        //添加IP地址 10.10.100.2
[AC6005-Vlanif100]dhcp select global
                                        //开启端口DHCP功能
[AC6005-Vlanif100]inter vlanif101
                                        //配置VLAN 101
[AC6005-Vlanif101]ip address 10.10.101.1 24
                                        //添加IP地址 10.10.101.1
[AC6005-Vlanif101]dhcp select interface
                                        //开启端口DHCP功能
```

（4）配置 CAPWAP 服务：

```
[AC6005]capwap source interface vlan101
                                        //CAPWAP服务对应的VLAN为VLAN 101
```

（5）AP 基本配置：

```
[AC6005]wlan
[AC6005-wlan-view]ap-group name ap
[AC6005-wlan-ap-group-ap]quit
[AC6005-wlan-view]regulatory-domain-profile name domain
                                //创建域管理模板domain
[AC6005-wlan-regulate-domain-domain]country-code CN
                                //城市管理代码为CN
[AC6005-wlan-regulate-domain-domain]quit
[AC6005-wlan-view]ap-group name ap
                                //进入AP工作组
[AC6005-wlan-ap-group-ap]regulatory-domain-profile name domain
                                //应用域管理模板
[AC6005-wlan-regulate-domain-domain]quit
```

（6）查看 AP 的 MAC 地址，右键单击 eNSP 工作区域中的 AP，单击"配置"选项卡。打开 AP 的"配置"界面，如图 6-25 所示。

图 6-25 查看 AP 的 MAC 地址

（7）将 AP 绑定到 AC：

```
[AC6005]wlan
[AC6005-wlan-view]ap auth-mode mac-auth     //设置AP认证方式为MAC认证
[AC6005-wlan-view]ap-id 0 ap-mac 00e0-fc07-3420  //添加MAC地址
[AC6005-wlan-ap-0]ap-name area-1
[AC6005-wlan-ap-0]ap-group ap                      //将其放到AP工作组里
Warning: This operation may cause AP reset. If the country code changes,
it will clear channel, power and antenna gain configurations of the radio,
Whether to continue? [Y/N]:Y
```

（8）创建安全策略：

```
[AC6005]wlan
[AC6005-wlan-view]security-profile name anquan //建立安全模板anquan
[AC6005-wlan-sec-prof-anquan]security wpa2 psk pass-phrase
123456789 aes                              //设置SSID密码及加密方式
[AC6005-wlan-sec-prof-anquan]quit
[AC6005-wlan-view]ssid-profile name ssid   //创建SSID模板
[AC6005-wlan-ssid-prof-ssid]ssid gongsi    //SSID为gongsi
[AC6005-wlan-ssid-prof-ssid]quit
```

（9）创建 VAP：

```
[AC6005]wlan
[AC6005-wlan-view]vap-profile name vap         //创建VAP模板
[AC6005-wlan-vap-prof-vap]forward-mode tunnel //数据转发模式为tunnel
[AC6005-wlan-vap-prof-vap]service-vlan vlan-id 100 //服务VLAN 100
```

```
[AC6005-wlan-vap-prof-vap]security-profile anquan       //绑定安全模板
[AC6005-wlan-vap-prof-vap]ssid-profile ssid             //绑定SSID模板
[AC6005-wlan-view]ap-group name ap                      //进入AP模板
[AC6005-wlan-ap-group-ap]vap-profile vap wlan 1 radio 0  //应用VAP
```

此时，eNSP工作区域中的 AP 周围会出现蓝色的圆形区域，如图 6-26 所示。

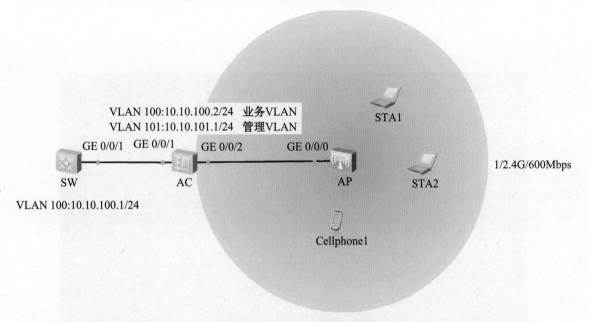

图 6-26　VAP 配置效果图

（10）为终端设备连接 WLAN。单击 eNSP 工作区域中的终端设备 STA1，选择 "VAP 列表"，单击 SSID 中的 "gongsi"，并单击 "连接" 按钮，如图 6-27 所示。连接成功后会在状态栏中显示 "已连接"。对终端设备 STA2 及 Cellphone1 依次重复上述操作。

图 6-27　为终端设备连接 VAP

（11）验证终端设备连通性。双击 eNSP 工作区域中的终端设备 STA1，在"VAP 列表"中，选择"IPv4 配置"→"DHCP"。然后进入"命令行"界面，在该界面中输入"ipconfig"，查看本设备是否已经自动获取 IP 地址，如图 6-28 所示。对 STA2 重复该操作后，在命令行界面输入 Ping 10.10.100.184，若返回数据包则代表终端设备连通，组网成功，如图 6-29 所示。

图 6-28　STA1 已获取 IP 地址

图 6-29　验证终端设备连通性

思考与实训

一、填空题

1．与传统有线网络相比，无线网络不依赖于物理电缆来传输数据，而是使用＿＿＿＿＿＿或＿＿＿＿＿＿等无线网络技术进行通信。

2．Wi-Fi是一种常见的无线网络技术，它是基于＿＿＿＿＿＿标准创建的无线局域网技术，支持不同的频段和速率，例如＿＿＿＿＿＿和＿＿＿＿＿＿频段。

3．蓝牙技术的＿＿＿＿＿＿和＿＿＿＿＿＿强，由于蓝牙技术具有跳频的功能，有效避免了 ISM 频带遇到干扰源。

4．星闪技术其功能和 Wi-Fi、蓝牙类似，为了融合这两种技术不同的特性，星闪采用了特殊的架构设计，从上到下分别是＿＿＿＿＿＿、＿＿＿＿＿＿、＿＿＿＿＿＿。

5．5G 作为一种新型移动通信网络技术，不仅要解决人与人之间的通信，更要解决＿＿＿＿＿＿、物与物之间的通信问题，满足移动医疗、车联网、智能家居、工业控制、环境监测等＿＿＿＿＿＿需求。

6．无线局域网的主要特点和优势包括：组网方便，＿＿＿＿＿＿，速度快并提供＿＿＿＿＿＿，安全性高。

7．根据功能和特点，无线 AP 可以分为＿＿＿＿＿＿和＿＿＿＿＿＿两种类型。

8．无线网关是一种整合了＿＿＿＿＿＿、＿＿＿＿＿＿、＿＿＿＿＿＿和无线接入点等功能的设备，通常由互联网服务提供商提供。

9．基于无线接入点的 WLAN 网络架构分为有线侧和无线侧两部分，有线侧是指 AP 上行到 Internet 的网络，使用＿＿＿＿＿＿，无线侧是指无线终端设备到 AP 之间的网络，使用＿＿＿＿＿＿。

10．无线侧接入的 WLAN 网络架构为集中式架构，从最初的＿＿＿＿＿＿＿＿架构，演进为＿＿＿＿＿＿＿＿架构。

11．为满足大规模组网的要求，AC 需要对网络中的多个瘦 AP 进行统一管理，因此 IETF 组织成立了＿＿＿＿＿＿，最终制定了＿＿＿＿＿＿。

12．AC 的连接方式分为＿＿＿＿＿＿和＿＿＿＿＿＿。

13．直连式组网的特点主要是＿＿＿＿＿＿，组网实施起来简单，但对＿＿＿＿＿＿要求比较高，否则 AC 会是整个无线网络带宽的瓶颈。

14．在旁挂式组网中，AC 只承载对 AP 的＿＿＿＿＿＿，管理流封装在＿＿＿＿＿＿中传输。

15．在模拟企业无线分布式网络时，至少需要分配两个 VLAN，分别是＿＿＿＿＿＿＿＿和＿＿＿＿＿＿＿＿。

二、上机实训

1．使用家用路由器创建家庭 WLAN，最终将设备连入 Internet。

2．使用无线控制器 AC6005 创建管理 VLAN 200 和业务 VLAN 201，上行端口为 GE 0/0/1，下行端口为 GE 0/0/2，并完成 VLAN 的 trunk 模式配置。

3．使用无线控制器 AC6005 配置 DHCP 服务，要求设置地址池网段为 192.168.100.0/24，保留地址为 192.168.100.1/24 和 192.168.100.2/24。

4．使用无线控制器 AC6005 完成 AP 基本配置，创建域管理模板"domain"，国家代码为 CN，并创建 AP 工作组"ap"，应用"domain"域管理模板。

5．使用无线控制器 AC6005 配置安全策略，将安全模板命名为"sec"，将加密方式设置为 aes，密码设置为"huawei123"。

模块 7

•••• 网络安全接入配置

任务 27 计算机终端接入安全

任务描述

　　小明工作后，使用的计算机都携带着关键的数据文件和商业机密信息，然而这些计算机存在多种潜在的安全隐患，其中最主要的威胁源于个人终端的潜在危险操作。为了最大程度地减少这类情况的发生，小明采取一系列有针对性的措施来确保终端的安全性。具体而言，包括定期检查计算机终端存在的潜在漏洞，启用计算机终端上的防火墙，以及实施强密码策略和详细的用户权限控制策略。通过这些积极的预防措施，能够显著提高终端的安全性，从而有效降低对数据和机密信息的潜在威胁。

任务清单

　　任务清单如表 7-1 所示。

表 7-1　计算机终端接入安全——任务清单

任务目标	【素质目标】 　　培养学生规范化操作的职业习惯；文明上网的安全意识；文明、健康、绿色、安全的网络素养。 【知识目标】 　　了解操作系统的发展； 　　了解操作系统的安全配置方法。 【能力目标】 　　能够配置系统更新； 　　能够安装系统补丁； 　　能够维护个人计算机信息安全

任务重难点	【任务重点】 操作系统的账户安全配置方法； 系统更新及补丁的安装。 【任务难点】 账户安全的配置方法； 关闭系统默认的共享
任务内容	1. 操作系统概述； 2. 操作系统安全配置方法
所需材料	安装了 Windows 10 系统的实训计算机
资源链接	微课、图例、PPT 课件、实训报告单

 任务实施

7.1　操作系统概述

操作系统（Operating System，OS）是管理计算机硬件与软件资源的计算机程序，同时也是计算机系统的内核与基石。操作系统需要处理如管理与配置内存、决定系统资源供需的优先次序、控制输入与输出设备、操作网络与管理文件系统等基本事务。操作系统也提供一个让用户与计算机程序交互的操作界面。操作系统的种类非常多，不同机器安装的操作系统可以是简单的，也可以很复杂，例如，移动电话的嵌入式系统和超级计算机的大型操作系统。许多操作系统制造者对它涵盖范畴的定义也不尽一致，例如有些操作系统集成了图形用户界面，而有些仅使用命令行界面，而将图形用户界面视为一种非必要的应用程序。典型的操作系统有以下几种。

1. Windows 操作系统

Windows 操作系统是微软（Microsoft）公司开发的一系列图形用户界面操作系统。它是使用最广泛的桌面操作系统之一，涵盖个人计算机、笔记本电脑、服务器及嵌入式系统等多个领域。Windows 操作系统的发展始于 20 世纪 80 年代，至今经历了多个版本的迭代，其中包括 Windows XP、Windows 7、Windows 8、Windows 10 和 Windows 11 等。

Windows 操作系统的主要特点之一是其直观的图形用户界面(GUI)，这使得用户可以通过鼠标和键盘轻松进行交互。它支持大量的应用程序和硬件设备，具有广泛的兼容性。但 Windows 是一个闭源系统，其内核不对外公开。此外，Windows 操作系统通常需要许可证，并且一些版本需要付费购买。

Windows 操作系统不仅在桌面领域占有主导地位，它在服务器领域和嵌入式系统中也占有一定份额，如 Windows Server 2019 等。因为服务器操作系统对计算机硬件性能的要求比较高，一般的台式机不会安装此类操作系统。

网络设备安装与调试（华为版）

2. UNIX 操作系统

UNIX 操作系统是一种多用户、多任务的操作系统，由肯·汤普森（Ken Thompson）和丹尼斯·里奇（Dennis Ritchie）等贝尔实验室的研究人员于 20 世纪 70 年代初开发。UNIX 操作系统的设计注重通用性和可移植性，这使其可以在很多不同硬件平台上运行。

UNIX 操作系统的核心特点是其分层架构和模块化设计。它采用了一种类似于文件系统的方法来管理资源，将所有设备、进程和用户都表示为文件。此外，UNIX 操作系统提供了一个强大的命令行端口，使用户能够通过文本命令来执行各种任务。UNIX 操作系统通常用于服务器环境、超级计算机和科学研究领域。

3. Linux 操作系统

Linux 操作系统是一种基于 UNIX 设计原理的开源操作系统。Linux 操作系统的特点之一是开放的源代码，允许用户查看、修改和分发源代码。这种自由性推动了 Linux 社区的不断壮大，成为开发和改进操作系统的重要力量。由于其稳定性、灵活性和安全性，Linux 操作系统成为了许多服务器和云计算平台的首选操作系统。

Linux 操作系统有多个发行版本，如 Ubuntu、Fedora、Debian、CentOS 等，它们在内核的基础上添加了不同的软件包和管理工具，以适应不同用户需求。Linux 操作系统支持多用户、多任务，并提供了强大的命令行界面，这使其在服务器和嵌入式系统中非常受欢迎。Linux 操作系统也能够在桌面环境中运行，它提供了各种办公、娱乐和开发工具。

4. Mac OS 操作系统

Mac OS 操作系统最早是美国苹果公司为它的 Macintosh 计算机设计的，该机型于 1984 年推出，在当时的计算机还只是 DOS 枯燥的字符界面的时候，Mac OS 操作系统率先采用了一些至今仍被人称道的技术，如 GUI 图形用户界面、多媒体应用、鼠标等。Mac OS 操作系统在出版、印刷、影视制作和教育等领域有着广泛的应用。

5. Netware 操作系统

Netware 是 Novell 公司推出的网络操作系统。Netware 最重要的特点是基于基本模块设计思想的开放式系统结构。Netware 是一个开放的网络服务器平台，可以方便地对其进行扩充。Netware 系统对不同的工作平台（如 DOS、Macintosh 等）、不同的网络协议环境（如 TCP/IP）以及各种工作站操作系统提供了一致的服务。在该系统内可以增加自选的扩充服务（如替补备份、数据库、电子邮件及记账等），这些服务可以取自 Netware 本身，也可以取自第三方开发者。

6. 银河麒麟操作系统

银河麒麟操作系统由中国人民解放军国防科技大学牵头，由天津麒麟信息技术有限公司开发研制。该系统基于 Linux 内核，支持主流 x86 架构 CPU 及飞腾等国产 CPU 平台。银河麒麟操作系统具备卓越的性能、高可用性和高度安全性，并且与 Linux 系统具有良好的兼容性。

银河麒麟操作系统的内核代码完全由我国自主掌控，我们可以灵活实现国产操作系统的开放性和可掌控性。该系统核心支持 Unicode 编码，支持 GB18030—2000、BIG5 中文编码规范，支持智能拼音、五笔等输入法，支持中文文件打印。银河麒麟操作系统的桌面环境具备 Windows 风格的资源管理器和配置工具，从而可以使 Windows 用户更容易向银河麒麟操作系统过渡。

银河麒麟操作系统是由我国自主研发的操作系统，是国家高技术研究发展计划（863 计划）的重要成果，充分体现了我国在科技领域的自主创新能力，对提高国家信息化基础设施的总体安全水平具有非常重要的意义。

7.2 操作系统安全配置

新安装的操作系统都存在不少漏洞或者配置问题，如果对这些漏洞或者配置问题不了解，不采取相应的措施，就会使操作系统完全暴露给入侵者，进而导致操作系统甚至整个计算机出现安全问题。下面以 Windows 10 为例，讲述一些典型的操作系统安全配置。

1．账户安全策略

账户是黑客入侵系统的突破口，系统的账户越多，黑客得到合法用户权限的可能性也就越大。对于 Windows 操作系统来说，如果系统账户过多，一般就能找出一两个弱口令账户，因此账户数量最好不要多于 10 个。通过限制账户数量，并去掉所有的测试账户、共享账户和普通部门账户，或删除已经或长期不使用的账户，能够有效地提高系统安全性。

（1）使用组合键 Win+R 打开"运行"对话框，输入"regedit"并按下回车键或单击"确定"按钮，如图 7-1 所示，打开注册表管理窗口。

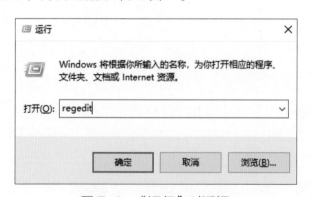

图 7-1 "运行"对话框

（2）在注册表管理窗口中，导航到以下路径：

HKEY_LOCAL_MACHINE\SOFTWARE\Microsoft\Windows\CurrentVersion\Policies\System。

（3）在右侧窗口中，右击空白区域，在弹出的快捷菜单中选择"新建"→"DWORD(32 位)

值"选项,将新建的项命名为"LimitLocalAccountCreation"。

(4)双击"LimitLocalAccountCreation",将"基数"改为"十进制",将"数值数据"设置为想要的本地用户数量,如设置为10,如图7-2所示。

图7-2 注册表编辑

密码策略是一组安全规则和要求,用于保护用户账户的安全性。这些策略规定了用户在创建和使用密码时必须遵循的规则,以增加系统的整体安全性。密码策略主要有以下几种安全设置:密码长度必须符合复杂性要求、密码长度最小值、密码最短使用期限、密码最长使用期限、强制密码历史、用可还原的加密来储存密码。

(5)使用组合键Win+R打开"运行"对话框,输入"secpol.msc"并按下回车键或单击"确定"按钮,打开"本地安全策略"窗口,如图7-3所示。

图7-3 "本地安全策略"窗口

模块7 网络安全接入配置

（6）双击"密码必须符合复杂性要求"，将其设置为"已启用"。双击选择"密码长度最小值"并将其设置为"8 个字符"，双击"密码最长使用期限"，限制用户密码的最长使用时间为"30 天"，如图 7-4 所示。

图 7-4　设置密码策略

2. 关闭系统默认共享项

操作系统的共享项为用户带来了方便，也带来了很多麻烦，经常会有病毒通过共享项进入计算机。Windows 2000/XP/2003/7/10 版本的操作系统提供了默认共享功能。

（1）查看默认共享项。打开"控制面板"→"管理工具"→"计算机管理"→"系统工具"→"共享文件夹"→"共享"，如图 7-5 所示。大部分 Windows 操作系统的 C 盘、D 盘等默认是共享的，这就给黑客的入侵带来了很大的方便，像"震荡波"病毒的传播方式之一就是扫描局域网内所有带共享项的主机，然后将病毒上传到这些主机上。及时关闭共享项可以有效阻止此类病毒的传播。

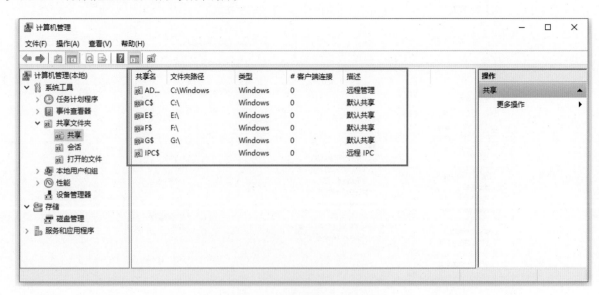

图 7-5　查看默认共享项

（2）在"计算机管理"页面选中要删除的共享项，右击，在弹出的快捷菜单中选择"停止共享"选项，如图7-6所示。

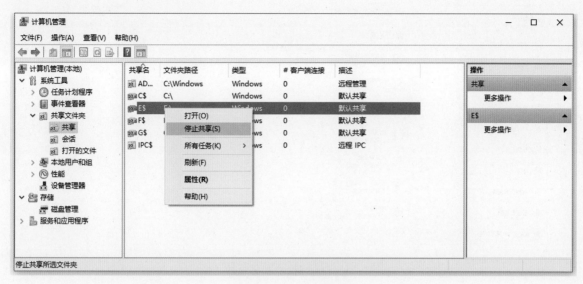

图7-6 停止共享

3. 更新与安全

（1）长时间不更新系统补丁的计算机，一般都会存在安全隐患。在计算机"设置"中找到"更新和安全"选项，单击进入该页面，这时可以看到目前的 Windows 系统是不是最新的版本，以及上次检查更新的时间。选择"Windows 更新"，完成后单击"立即重新启动"按钮，这样可修补操作系统的很多漏洞，如图7-7所示。

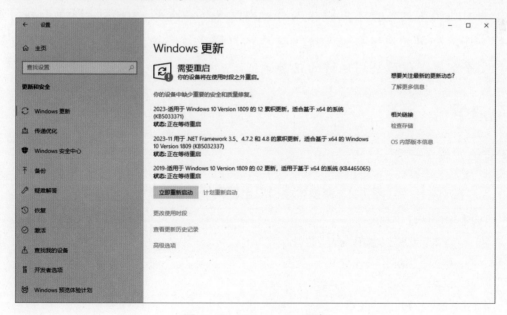

图7-7 Windows 更新

（2）选择"Windows 安全中心"选项，在"Windows 安全中心"的"保护区域"当中包括7个选项，依次选择启用或者打开这些选项，也可以及时预防安全隐患的产生，如图7-8所示。

图 7-8 Windows 安全中心

 交换机端口安全配置

任务描述

小明身为公司的网络工程师，最近感觉公司的网络速度变慢，检查后发现，有些部门的员工将自己携带的笔记本电脑接入公司网络来下载电影，这不仅影响了公司正常业务的进行，还给公司的网络安全带来了隐患。为解决该问题，小明决定通过对交换机的端口进行安全配置来保障公司网络的正常运行。

任务清单

任务清单如表 7-2 所示。

表 7-2 交换机端口安全配置——任务清单

任务目标	【素质目标】 培养学生规范化操作的职业习惯； 树立学生的网络安全意识； 培养学生分析与解决问题的职业素养。 【知识目标】 理解交换机端口安全的基本概念； 掌握 MAC 地址学习和绑定的方法； 掌握交换机端口安全配置的方法。 【能力目标】 能够对交换机端口进行安全配置

网络设备安装与调试（华为版）

任务重难点	【任务重点】 交换机端口的 MAC 地址绑定； 交换机端口的 MAC 地址学习数量限制。 【任务难点】 MAC 地址的学习数量限制
任务内容	1. 交换机端口安全及防护措施； 2. 交换机端口安全配置方法
所需材料	为每组提供一台能接入网络且安装 eNSP 的计算机
资源链接	微课、图例、PPT 课件、实训报告单

任务实施

7.3　交换机端口安全

交换机端口安全是指在网络交换机上实施一系列措施，以确保只有经过授权的设备和用户才能够连接到交换机的特定端口。用户可通过对交换机端口进行安全配置，提高网络的安全性，防止未经授权的设备或用户对网络进行访问。可对网络交换机端口采取多种安全措施以加强网络安全。

（1）MAC 地址过滤。管理员可以配置交换机，仅允许特定 MAC 地址的设备连接到指定的端口，从而有效防止未经授权的设备接入网络。

（2）设置端口允许连接的最大的设备数量。通过端口安全功能，可以设置每个端口允许连接的最大设备数量，一旦超过限制，系统将识别这些设备为未经授权的设备，这样提高了网络的整体安全性。

（3）MAC 地址绑定。该措施使交换机能够学习并绑定连接到特定端口的设备的 MAC 地址，确保只有绑定的设备能够连接到该端口，这进一步强化了网络的安全性。

（4）关闭远程端口。网络管理员可以远程关闭或禁用某个端口，以及时防止该端口上的设备访问网络。通过该配置，可以拒绝未经授权设备的连接尝试，以及在网络上发现异常活动时生成警报，以便管理员能够迅速响应从而维护网络的安全性。

（5）虚拟局域网（VLAN）隔离。网络管理员可以将不同的设备隔离到不同的 VLAN 中，以增加网络分隔性，限制未经授权设备之间的通信。

以上这些交换机端口安全措施为网络提供了多层次的防护，保护系统免受未经授权的访问和潜在威胁的影响。

7.4　交换机端口安全加固实验

未经授权的计算机接入网络，不仅会影响公司正常用户对网络的使用，还可能引发严重的网络安全问题。为了解决这个问题，我们可以在接入交换机上配置端口安全功能。通过使用 MAC 地址绑定，不仅能够解决未授权计算机影响正常网络使用的问题，还能有效防范攻击者利用未绑定 MAC 地址的端口进行 MAC 地址泛洪攻击。为了帮助同学们学习和掌握交换机端口安全的配置方法，我们使用两台型号为 S3700 的交换机来模拟网络，实验拓扑结构如图 7-9 所示。

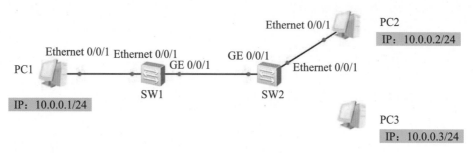

图 7-9　端口安全实验拓扑结构

（1）完成拓扑结构基本设置，修改计算机名为 PC1、PC2 和 PC3，修改交换机名为 SW1 和 SW2，并按照图中所示依次连接各个设备（PC3 暂时不连接），开启设备。

（2）完成计算机的 IP 地址设置，参见图 7-9。查看计算机的 MAC 地址，双击 PC1，在计算机"命令行"窗口中输入"ipconfig"，可查看 PC1 的 MAC 地址，按照同样的方法查看 PC2 的 MAC 地址，如图 7-10 所示。

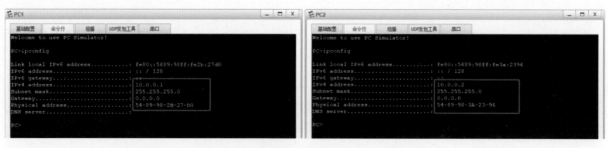

图 7-10　查看计算机的 MAC 地址

（3）在 SW1 和 SW2 两个交换机中完成基本配置。

SW1 配置：

```
<Huawei>system-view
[Huawei]sysname SW1
[SW1]undo info-center enable
```

SW2 配置：

```
<Huawei>system-view
[Huawei]sysname SW2
[SW2]undo info-center enable
```

（4）开启交换机的端口安全功能，并绑定对应的 MAC 地址。

在 SW1 的 Ethernet0/0/1 端口配置 Sticky MAC 功能。

```
[SW1]interface Ethernet0/0/1
[SW1-Ethernet0/0/1]port-security enable//开启端口安全功能
```

```
[SW1-Ethernet0/0/1]port-security mac-address sticky
                              //开启Sticky MAC功能
[SW1-Ethernet0/0/1]port-security mac-address sticky 5489-98F8-4D79
vlan 1
```
//手动配置一条sticky-mac表项，绑定PC1的MAC地址

在交换机上使用 display mac-address 命令，查看交换机与计算机之间的端口类型是否变为 sticky，如图 7-11 所示。

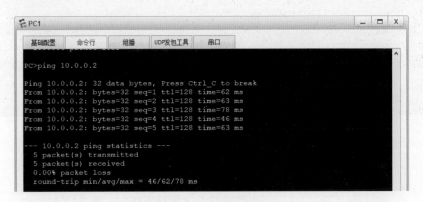

```
[SW1]display mac-address
MAC address table of slot 0:
-------------------------------------------------------------
MAC Address   VLAN/   PEVLAN CEVLAN Port      Type   LSP/LSR-ID
              VSI/SI                MAC-Tunnel
-------------------------------------------------------------
5489-98f8-4d79 1      -      -     Eth0/0/1   sticky  -
-------------------------------------------------------------
Total matching items on slot 0 displayed = 1
```

图 7-11　查看交换机端口类型

（5）在 SW1 的 GE 0/0/1 端口配置安全动态的 MAC 地址。

```
[SW1]interface GigabitEthernet0/0/1
[SW1-GigabitEthernet0/0/1]port-security enable   //开启端口安全功能
[SW1-GigabitEthernet0/0/1]port-security max-mac-num 1
// 限制安全MAC地址最大数量为1，默认为1
[SW1-GigabitEthernet0/0/1]port-security protect-action shutdown
// 配置其他非安全MAC地址数据帧的处理动作为关闭端口
```

（6）使用 ping 命令测试 PC1 和 PC2 之间的连通性，可以看出 PC1 和 PC2 之间可以互相通信，如图 7-12 所示。

```
PC>ping 10.0.0.2

Ping 10.0.0.2: 32 data bytes, Press Ctrl_C to break
From 10.0.0.2: bytes=32 seq=1 ttl=128 time=62 ms
From 10.0.0.2: bytes=32 seq=2 ttl=128 time=63 ms
From 10.0.0.2: bytes=32 seq=3 ttl=128 time=78 ms
From 10.0.0.2: bytes=32 seq=4 ttl=128 time=46 ms
From 10.0.0.2: bytes=32 seq=5 ttl=128 time=63 ms

--- 10.0.0.2 ping statistics ---
  5 packet(s) transmitted
  5 packet(s) received
  0.00% packet loss
  round-trip min/avg/max = 46/62/78 ms
```

图 7-12　连通性测试 1

（7）将 PC3 连接到 SW2 的任意端口后，用 PC1 对 PC3 进行连通性测试。此时，PC1 和 PC3 之间无法互相通信，如图 7-13 所示。这是因为 SW1 的 GE 0/0/1 端口被限制只能学习一个 MAC 地址，当有多台计算机通过时，交换机将发出警告并关闭该端口。

（8）使用 display interface brief | include GigabitEthernet 0/0/1 命令查看 GE 0/0/1 端口是否已经关闭，如图 7-14 所示。此时再次对 PC1 与 PC2 进行连通性测试，发现在端口关闭的情况下，两台原本连通的计算机也无法连通，如图 7-15 所示。

189

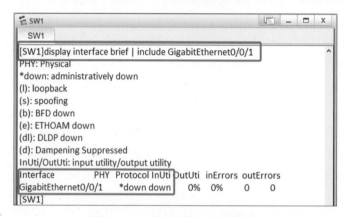

图 7-13　连通性测试 2

图 7-14　查看端口关闭情况

图 7-15　连通性测试 3

任务 29　访问控制列表配置

任务描述

　　小明作为公司的网络管理员，负责管理和维护公司内部网络的安全性。为了强化网络安全措施，小明计划配置访问控制列表（ACL）以限制对关键网络资源的访问，旨在确保只有经过授权的用户和设备能够访问特定的网络服务和信息。

网络设备安装与调试（华为版）

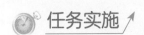任务清单

任务清单如表 7-3 所示。

表 7-3　访问控制列表配置——任务清单

任务目标	【素质目标】 　培养学生规范化操作的职业习惯，树立学生的网络安全意识，培养学生分析与解决问题的职业素养。 【知识目标】 　了解访问控制列表的基本概念； 　了解访问控制列表组成元素； 　了解标准访问控制列表分类。 【能力目标】 　能够熟练掌握访问控制列表的配置方法
任务重难点	【任务重点】 　访问控制列表配置方法。 【任务难点】 　根据不同需求配置不同的访问控制策略
任务内容	1．访问控制列表基本概念、组成及分类； 2．配置访问控制列表
所需材料	为每组提供一台能接入网络并安装了 eNSP 的计算机
资源链接	微课、图例、PPT 课件、实训报告单

任务实施

7.5　访问控制列表

访问控制列表（Access Control List，ACL）是一种用于管理文件系统、网络设备或其他资源访问权限的列表。访问控制列表包含了一系列规则，这些规则定义了谁可以访问资源以及以何种方式进行访问。访问控制列表常用于操作系统、网络设备、数据库等系统中，以确保对资源的访问受到严格控制。访问控制列表通常包括以下元素。

（1）用户/组标识符：指定了具体的用户或用户组，这些用户或组将受到访问控制列表规则的影响。

（2）权限：指定了允许或拒绝的操作类型，如读取、写入、执行等。

（3）资源标识符：指定了访问控制列表规则适用的资源，可以是文件、目录、网络资源等。

我们用一个简单的比喻来描述访问控制列表。假如你拥有一间教室，里面有很多资源。作为老师，你需要控制谁能够进入这个房间，以确保只有授权的人才能享受这些资源。访问控制列表就是你制定的一份名单，上面列有谁有权进入，以及他们能够做什么。用户标

识符就像学生的名字，只有在名单上的学生才能进入教室。权限就是你告诉学生可以做什么，有的学生可以进去读书（读取权限），有的可以进去写作业（写入权限），而有的只能看不能动（只读权限）。资源标识符就是你告诉学生这个规则适用于哪间教室。可能你有多间教室，而每间教室有不同的规则。

按照访问控制列表的用途，可以分为基本访问控制列表和高级访问控制列表。基本访问控制列表可使用报文的源 IP 地址、时间段信息来定义规则，编号范围为 2000～2999，一个访问控制列表可以由多条"deny/permit"语句组成，以明确规定对某个资源的访问是否被允许"permit"或拒绝"deny"。每一条语句描述一条规则，每条规则有一个规则标识，即 Rule-ID。Rule-ID 可以由用户进行配置，也可以由系统自动根据步长生成，默认步长为 5。在默认的情况下按照配置先后顺序分配 0、5、10、15 等，匹配顺序按照访问控制列表的 Rule-ID 的顺序，从小到大进行匹配。

7.6 基本访问控制列表配置实验

访问控制列表主要用于网络层的访问控制，而路由器通常是网络中的设备，负责处理不同子网之间的数据流量，故一般在路由器上配置访问控制列表来允许或拒绝特定的数据流，从而实现网络层的访问控制。下面仅从网络安全的角度对访问控制列表的基本配置进行简单介绍。同学们可以由此学习和掌握基本访问控制列表的配置方法，实现只有财务部门可以访问技术部，而销售部不能访问技术部，其网络拓扑结构如图 7-16 所示。

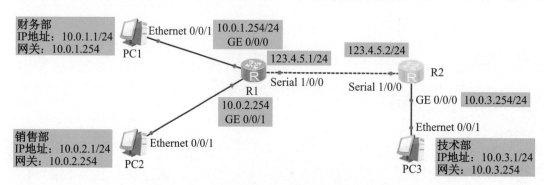

图 7-16　访问控制列表配置实验拓扑结构

（1）按照图 7-16，完成拓扑结构。添加 3 台计算机，标签分别命名为 PC1、PC2、PC3。其中，PC1 代表财务部的主机，PC2 为销售部的主机，PC3 为技术部的主机。分别手动为它们添加 IP 地址、子网掩码和网关，具体配置的 IP 地址详见表 7-4。

表 7-4　计算机的 IP 地址信息

计 算 机	IP 地 址	网 关
PC1	10.0.1.1/24	10.0.1.254
PC2	10.0.2.1/24	10.0.2.254
PC3	10.0.3.1/24	10.0.3.254

（2）添加两台型号为 AR2220 的路由器，路由器的名称分别设置为 R1 和 R2。为 R1 和 R2 添加 2SA 模块，并添加在 Serial 1/0/0 端口的位置上，如图 7-17 所示。

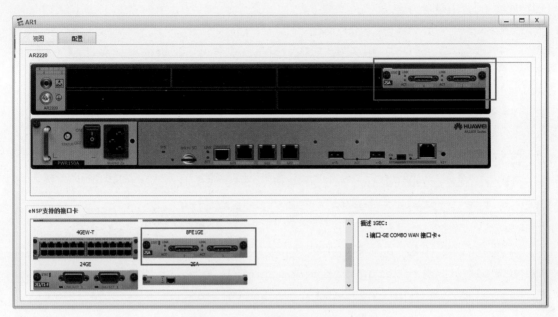

图 7-17 添加路由器 2SA 模块

（3）PC1 连接 R1 的 GE 0/0/0 端口，PC2 连接 R1 的 GE 0/0/1 端口，PC3 连接 R2 的 GE 0/0/0 端口，R1 的 Serial 1/0/0 端口连接 R2 的 Serial 1/0/0 端口。端口 IP 地址如表 7-5 所示。开启所有设备。

表 7-5 路由器的端口、IP 地址/子网掩码

设 备 名 称	端 口	IP 地址/子网掩码
R1	GE 0/0/0	10.0.1.254/24
	GE 0/0/1	10.0.2.254/24
	Serial 1/0/0	123.4.5.1/24
R2	GE 0/0/0	10.0.3.254/24
	Serial 1/0/0	123.4.5.2/24

（4）R1 的基本配置如下：

```
<Huawei>system-view
[Huawei]sysname R1
[R1]undo info-center enable
[R1]interface GigabitEthernet0/0/0
[R1-GigabitEthernet0/0/0]ip address 10.0.1.254 24
[R1]interface GigabitEthernet0/0/1
[R1-GigabitEthernet0/0/1]ip address 10.0.2.254 24
[R1]interface Serial 1/0/0
[R1-Serial1/0/0]ip address 123.4.5.1 24
[R1-Serial1/0/0]quit
```

（5）R2 的基本配置如下：

```
<Huawei>system-view
[Huawei]sysname R2
[R2]undo info-center enable
[R2]interface GigabitEthernet0/0/0
[R2-GigabitEthernet0/0/0]ip address 10.0.3.254 24
[R2]interface Serial 1/0/0
[R2-Serial1/0/0]ip address 123.4.5.2 24
[R2-Serial1/0/0]quit
```

（6）配置静态路由，实现全网互通：

```
[R1]ip route-static 10.0.3.0 255.255.255.0 123.4.5.2
[R2]ip route-static 10.0.1.0 255.255.255.0 123.4.5.1
[R2]ip route-static 10.0.2.0 255.255.255.0 123.4.5.1
```

（7）分别查看 R1 和 R2 的静态路由信息，如图 7-18 所示。

```
[RA]display ip routing-table protocol static
[RB]display ip routing-table protocol static
```

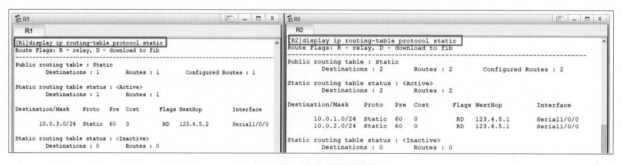

图 7-18　静态路由信息

（8）配置基本访问控制列表：

```
[R2]acl 2000
[R2-acl-basic-2000]rule deny source 10.0.2.0 0.0.0.255
[R2-acl-basic-2000]quit
```

（9）查看基本访问控制列表，如图 7-19 所示。

```
[R2]display acl all
```

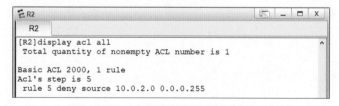

图 7-19　查看基本访问控制列表

（10）将访问控制列表应用到端口上：

```
[R2]interface GigabitEthernet0/0/0
[R2-GigabitEthernet0/0/0]traffic-filter outbound acl 2000
[R2-GigabitEthernet0/0/0]quit
```

（11）测试 PC1 与 PC3 之间的连通性，结果是互通的，如图 7-20 所示。测试 PC2 和 PC3 之间的连通性，结果是不通的，如图 7-21 所示。

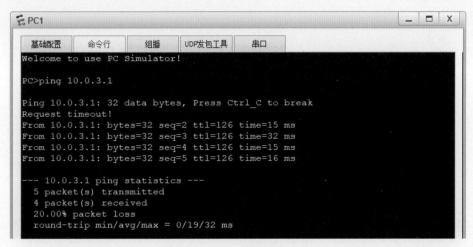

图 7-20　连通性测试 1

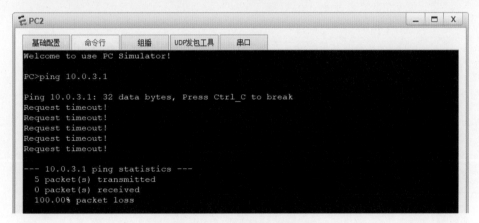

图 7-21　连通性测试 2

　防火墙设备的配置

任务描述

小明身为企业网络工程师，为隔离不同安全级别的网络，保护企业内部网络免受来自外网的攻击和入侵，于是购买了企业防火墙，允许合法流量通过防火墙，禁止非法流量通过防火墙。

任务清单

任务清单如表 7-6 所示。

表 7-6　防火墙设备的配置——任务清单

任务目标	【素质目标】 　　培养学生规范化操作的职业习惯，树立学生的网络安全意识，培养学生分析与解决问题的职业素养。 【知识目标】 　　了解防火墙的概念及其工作原理； 　　了解防火墙安全区域的划分方法； 　　了解防火墙安全策略。 【能力目标】 　　能够登录并配置防火墙； 　　能够配置防火墙安全策略
任务重难点	【任务重点】 　　防火墙安全策略配置。 【任务难点】 　　防火墙安全区域的划分； 　　防火墙的工作原理
任务内容	1. 防火墙的概念及其工作原理； 2. 登录并配置防火墙
所需材料	为每组提供一台装有 eNSP 的计算机
资源链接	微课、图例、PPT 课件、实训报告单

任务实施

7.7　防火墙

　　防火墙是一种网络安全设备，通常位于网络边界，用于隔离不同安全级别的网络，保护一个网络免受来自另一个网络的攻击和入侵。这种"隔离"不是一刀切，是有控制的隔离，允许合法流量通过防火墙，禁止非法流量通过防火墙。防火墙位于企业 Internet 出口用以保护内网安全。在防火墙中可以指定规则，允许内网的计算机访问 Internet，禁止 Internet 外网用户访问内网主机，如图 7-22 所示。

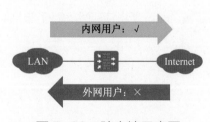

图 7-22　防火墙示意图

　　因此，防火墙与路由器、交换机是有区别的。路由器用来连接不同的网络，通过路由协议保证互联互通，确保将报文转发到目的地；交换机通常用来组建局域网，作为局域网的重要枢纽，用来快速转发报文；而防火墙主要被部署在网络边界，对进出网络的访问行为进行控制，安全防护是其核心特性。路由器与交换机的本质是转发，防火墙的本质是控制。防火墙通过将各端口划分到不同的安全区域，从而将与端口连接的网络划分为不同的安全级别。防火墙上的端口必须加入安全区域（部分机型的独立管理端口除外）才能处理流量。安全区域（Security Zone）是防火墙的重要概念，一般防火墙默认有4个安全区域。

（1）Local：本地区域，防火墙所有 IP 都属于这个区域。

（2）Trust：受信任的区域。

（3）DMZ：是介于管制和不管制区域之间的区域，一般在这里放置服务器。

（4）Untrust：一般连接 Internet 和不属于内网的部分。

防火墙的每个端口都需要加入安全区域，不然防火墙会显示端口未激活，无法工作。防火墙通过规则控制流量，这个规则在防火墙上被称为"安全策略"。安全策略是防火墙的一个基本概念和核心功能，防火墙通过安全策略来提供安全管控能力。安全策略由匹配条件、动作和内容安全配置文件组成，针对允许通过的流量可以进一步做反病毒、入侵防御等内容安全检测。

7.8　防火墙综合配置实验

本次实验拓扑结构如图 7-23 所示。实验配置目标：Trust 区域可以访问全部区域，Untrust 区域可以访问 DMZ 区域。

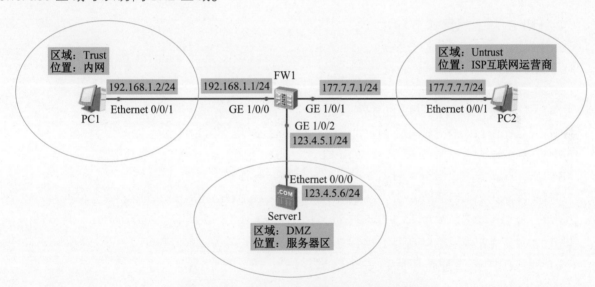

图 7-23　防火墙综合配置实验拓扑结构

（1）按照拓扑结构，添加两台计算机，将标签名修改为 PC1 和 PC2，其中 PC1 代表内网 Trust 区域设备，PC2 表示 ISP 互联网运营商。添加一台 Server 服务器，用来模拟 DMZ 区域的服务器设备群。添加一台 USG6000V 防火墙设备，用来隔离不同的网络区域，并将其标签修改为 FW1。

（2）将 PC1 的 Ethernet 0/0/0 端口连接到 FW1 的 GE 1/0/0 端口，将 PC2 的 Ethernet 0/0/0 端口连接到 FW1 的 GE 1/0/1 端口，将 Server1 的 Ethernet 0/0/0 端口连接到 FW1 的 GE 1/0/2 端口。使用直通线连接好所有的设备。设置每台设备端口的 IP 地址、子网掩码和网关，如表 7-7 所示。开启所有设备。

表 7-7　设备的 IP 地址、子网掩码及网关

设 备 名 称	端　　口	IP 地址/掩码	网　　关
	GE 1/0/0	192.168.1.1/24	
FW1	GE 1/0/1	177.7.7.1/24	
	GE 1/0/2	123.4.5.1/24	
PC1	Eth 0/0/0	192.168.1.2/24	192.168.1.1
PC2	Eth 0/0/0	177.7.7.7/24	177.7.7.1
Server1	Eth 0/0/0	123.4.5.6/24	123.4.5.1

（3）配置 FW1，第一次进入 FW1 配置界面，需要输入用户名和密码，初始用户名为 admin，密码为 Admin@123。进入后提示需要修改密码，密码必须符合密码复杂性规则，应包含大写字母、小写字母、数字及符号，如图 7-24 所示。

```
FW1                                                   _  □  X
Username:admin
Password:
The password needs to be changed. Change now? [Y/N]: y
Please enter old password:
Please enter new password:
Please confirm new password:
```

图 7-24　防火墙配置界面

（4）FW1 的基本配置如下：

```
<USG6000V1>system-view
[USG6000V1]sysname FW1
[FW1]undo info-center enable
[FW1]interface GigabitEthernet 1/0/0
[FW1-GigabitEthernet1/0/0]ip address 192.168.1.1 24
[FW1-GigabitEthernet1/0/0]int GigabitEthernet 1/0/1
[FW1-GigabitEthernet1/0/1]ip address 177.7.7.1 24
[FW1-GigabitEthernet1/0/1]int GigabitEthernet 1/0/2
[FW1-GigabitEthernet1/0/2]ip address 123.4.5.1 24
[FW1-GigabitEthernet1/0/2]quit
```

（5）为 FW1 的端口配置不同的安全区域：

```
[FW1]firewall zone trust
[FW1-zone-trust]add interface GigabitEthernet 1/0/0
[FW1-zone-trust]quit
[FW1]firewall zone untrust
[FW1-zone-untrust]add interface GigabitEthernet 1/0/1
[FW1-zone-untrust]quit
[FW1]firewall zone dmz
[FW1-zone-dmz]add interface GigabitEthernet 1/0/2
[FW1-zone-dmz]quit
```

（6）配置 Trust 区域可以访问 DMZ 区域：

```
[FW1]security-policy                //进入防火墙安全策略
[FW1-policy-security]rule name trust_to_dmz
```

```
                              //创建Trust区域访问DMZ区域的规则
[FW1-policy-security-rule-trust_to_dmz]source-zone trust
                    //源域为Trust
[FW1-policy-security-rule-trust_to_dmz]destination-zone dmz
                    //目标域为DMZ
[FW1-policy-security-rule-trust_to_dmz]source-address 192.168.1.0
24                    //源域IP地址
[FW1-policy-security-rule-trust_to_dmz]destination-address 123.4.
5.024            //目标域IP地址
[FW1-policy-security-rule-trust_to_dmz]action permit  //允许通过
```

配置完成后,进行测试,发现 Trust 区域的 PC1 可以成功访问 DMZ 区域的服务器 Server1,但是 Server1 不能访问 PC1,如图 7-25 所示。

图 7-25　PC1 与服务器相互访问情况

（7）配置 Trust 区域可以访问 Untrust 区域:

```
[FW1]security-policy                //进入防火墙安全策略
[FW1-policy-security]rule name trust_to_untrust
                    //创建Trust区域访问Untrust区域的规则
[FW1-policy-security-rule-trust_to_untrust]source-zone trust
                    //源域为Trust
[FW1-policy-security-rule-trust_to_untrust]destination-zone
untrust                    //目标域为Untrust
[FW1-policy-security-rule-trust_to_untrust]source-address
192.168.1.0 24
[FW1-policy-security-rule-trust_to_untrust]destination-address
177.7.7.0 24
[FW1-policy-security-rule-trust_to_untrust]action permit//允许通过
```

配置完成后，进行测试，发现 Trust 区域的 PC1 可以成功访问 Untrust 区域的 PC2，但是 PC2 不能访问 PC1，如图 7-26 所示。

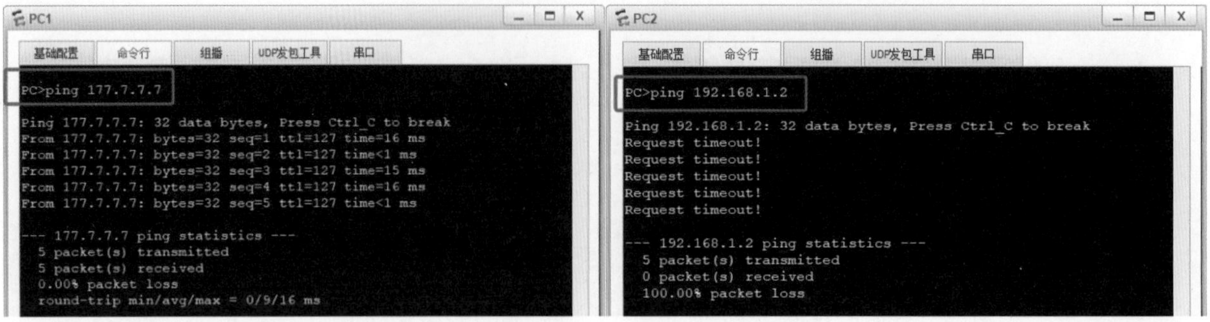

图 7-26　PC1 与 PC2 相互访问情况

（8）配置 Untrust 区域可以访问 DMZ 区域：

```
[FW1]security-policy
[FW1-policy-security]rule name untrust_to_dmz
[FW1-policy-security-rule-untrust_to_dmz]source-zone untrust
[FW1-policy-security-rule-untrust_to_dmz]destination-zone dmz
[FW1-policy-security-rule-untrust_to_dmz]source-address 177.7.7.0
24
[FW1-policy-security-rule-untrust_to_dmz]destination-address
123.4.5.0 24
[FW1-policy-security-rule-untrust_to_dmz]action permit
```

配置完成后，进行测试，发现 Untrust 区域的 PC2 可以成功访问 DMZ 区域的服务器 Server1，但是 Server1 不能访问 PC2，如图 7-27 所示。

图 7-27　PC2 与服务器相互访问情况

思考与实训

一、填空题

1. 操作系统是管理计算机＿＿＿＿＿＿与＿＿＿＿＿＿资源的计算机程序，同时也是计算机系统的内核与基石。

2. Windows 操作系统的主要特点之一是其直观的＿＿＿＿＿＿，这使得用户可以通过

_____轻松进行交互。

3．UNIX 操作系统的核心特点是_____和_____。

4．Linux 操作系统支持_____，并提供了强大的_____，使其在_____中非常受欢迎。

5．银河麒麟操作系统由_____牵头，由天津麒麟信息技术有限公司开发研制。该系统基于_____进行设计和开发，支持主流_____CPU 以及飞腾等国产 CPU 平台。

6．密码策略主要有以下几种安全设置：_____、_____、密码最短使用期限、_____、强制密码历史、用可还原的加密来储存密码。

7．网络交换机通过多种端口安全措施加强网络安全：_____、设置端口允许连接的最大的设备数量、_____、关闭远程端口、_____。

8．访问控制列表是一种用于_____、_____或其他资源访问权限的列表。

9．访问控制列表通常包括以下三种元素，分别是：_____、权限、_____。

10．防火墙是一种_____设备，通常位于_____，用于隔离不同安全级别的网络，保护一个网络免受来自另一个网络的攻击和入侵。

11．防火墙对流量是有控制的隔离，允许_____通过防火墙，禁止_____通过。

12．路由器与交换机的本质是_____，防火墙的本质是_____。

13．防火墙上的端口必须加入_____（部分机型的独立管理端口除外）才能处理流量。

14．一般防火墙默认有 4 个安全区域：Local、_____、DMZ、_____。

15．防火墙通过规则控制流量，这个规则在防火墙上被称为_____。

二、上机实训

1．将 Windows 操作系统设置为系统账户不允许超过 15 个。

2．使 Windows 操作系统启用"密码长度必须符合复杂性要求"设置，将密码长度最小值设置为 10，密码最长使用期限设置为 20 天。

3．在交换机的 GE 0/0/1 端口配置端口限制安全，允许的 MAC 地址最大数量为 10 个。

4．将防火墙的 GE 1/0/0 端口划为 Untrust 区域。

5．配置 Trust 区域可以访问 DMZ 区域，源域 IP 地址为 10.0.0.0/24，目标域 IP 地址为 100.100.100.0/24。

模块 8

网络设备维护与故障排除

任务 31 设备的例行维护

任务描述

计算机本身和计算机网络的稳定与否可以直接影响日常办公，严重的计算机网络故障将直接使日常业务中断，待办事项搁置，工作进度滞后，造成不可估量的损失。基于此，A 公司专门增设了网络维护岗，对公司网络进行日常维护。小李应聘成功，成为 A 公司网络管理员。下面是他的日常维护工作。

任务清单

任务清单如表 8-1 所示。

表 8-1 设备的例行维护——任务清单

任务目标	【素质目标】 　在本任务的学习中，融入职业道德教育，培养学生爱岗敬业、认真负责、忠于职守的优秀品质。 【知识目标】 　了解机房环境检查的内容； 　掌握硬件例行检查的内容和方法； 　掌握系统日常运维的内容及方法； 　掌握备份配置文件的方法。 【能力目标】 　能够达到网络管理员日常维护的岗位要求
任务重难点	【任务重点】 　掌握硬件例行检查的内容和方法； 　定期备份网络设备的配置文件。 【任务难点】 　配置文件备份的方法

任务内容	1. 例行检查与维护； 2. 定期备份网络设备的配置文件
所需材料	为每组提供一台能接入网络的计算机、一部无线终端或手持平板、一台无线路由器
资源链接	微课、图例、PPT课件、实训报告单

任务实施

8.1 例行检查与维护

1. 机房环境的检查

计算机机房环境包括硬件和软件环境，为保证计算机及通信系统稳定可靠地运转，计算机机房环境必须满足计算机等电子设备对温度、湿度、洁净度、防漏、电源质量、防雷、电磁场强度、屏蔽、接地和安全保卫等方面的要求。信息中心机房系统的可靠与否直接关系着通信网络能否正常、持久、稳定地运行。

小李每天例行打扫机房，保持整洁；机房温度最好保持在20~25℃，相对湿度保持在40%~60%。可以安装空调达到恒温效果，每天进行空调工作状态检查与机房温、湿度检查，及时把温度、湿度调整在适宜区间内。

每天检查电源、UPS的工作状态。通信机房一般需要24小时运行，检查机房供电状况非常有必要。

2. 硬件例行检查

（1）定期检查和清洁设备。每季度对设备进行检查，包括查看连线的稳定性和紧固度；定期清洗设备，除去灰尘和杂物，并确保通风良好。

（2）定期查看路由器、交换机状态指示灯状态、发声发热状态。定期监测各端口的工作状态，保障所有端口畅通运行。

指示灯分为电源指示灯、网络连接指示灯、无线信号指示灯、有线连接指示灯。

- 电源指示灯（PWR）：电源指示灯在路由器正常工作时通常呈现稳定的亮状态。这意味着路由器的电源正常，设备正常工作。
- 网络连接指示灯（WAN）：当路由器与互联网成功连接时，WAN指示灯会稳定亮起。在数据传输过程中，WAN指示灯会根据网络流量的大小，以不同速度闪烁。这表明路由器正在进行数据传输。
- 无线信号指示灯（WLAN/ Wi-Fi）：无线信号指示灯在无线网络开启时，呈现持续亮起的状态。当设备通过无线连接传输数据时，指示灯会根据网络流量的大小，以不同速度闪烁。这表示路由器的无线网络功能正常。

203

- 有线连接指示灯（LAN）：当设备通过有线方式连接路由器时，对应的 LAN 指示灯会亮起。在数据传输过程中，LAN 指示灯会根据网络流量的大小，以不同速度闪烁。这表示路由器的有线网络功能正常。

（3）局域网线路维护。

线路是局域网连接的重要组成部分，线路的通/断直接影响用户使用本地网络，因此线路的维护也非常关键。线路故障主要有：

- 水晶头与交换机连接状态异常；
- 水晶头与信息点端口的连接状态异常；
- 模块端口连接状态异常；
- 双绞线老化或损坏；
- 水晶头接触不良。

3．系统的日常维护

小李定期提取路由器、交换机运行日志，根据日志分析设备运行情况。

华为路由器日志是记录路由器操作信息的重要工具。下面是查看华为路由器日志的不同方式。

（1）通过网络管理系统界面直接查看日志信息。这种方式需要登录到路由器的 Web 界面，进入日志查看页面。在页面上，用户可以通过筛选条件查看所需的日志信息。这种方式适用于需要快速查看特定时间段内的日志信息的情况。

（2）通过执行命令 display logbuffer[size value|module module-name|level severity]*，可以查看日志缓冲区记录的信息。这种方式可以在控制台或远程终端上查看。用户可以通过设置不同的筛选条件来查看不同级别的日志信息。这种方式适用于需要查看详细日志信息的情况。

（3）通过执行命令 display diag-logfile cfcard2:/log/，可以直接打开路由器日志文件。这种方式需要先通过命令行进入诊断模式，然后使用命令查看日志文件。这种方式适用于需要查看历史日志信息的情况。

4．计算机网络病毒监测

小李为重要的服务器安装了 360 杀毒软件。360 杀毒软件是广受欢迎的免费杀毒软件，采用智能引擎技术，根据用户不同情况，智能选择最佳引擎组合。360 杀毒软件是 360 安全中心出品的一款免费的云安全杀毒软件。360 杀毒软件具有查杀率高、资源占用少、升级迅速等优点。

8.2 定期备份网络设备的配置文件

当今，几乎每个网络都会配置一些专用的外部存储设备，而这些设备确实在不少灾难性的数据事故中发挥了扭转乾坤的作用。实际上，这些备份装置的费用只占服务器硬件费用的 10%，却能为用户提供 100% 的数据保护，从而避免十倍甚至百倍的经济损失。

小李定期备份路由、交换设备的配置文件。以路由器为例，开启路由器的 FTP 服务，从本地计算机访问华为网络设备的 FTP 服务，下载备份文件。具体步骤如下。

（1）让计算机和要进行备份的路由器处在同一网段，注意测试连通性。

（2）在路由器上开启 FTP 服务，并配置 aaa 认证的用户和密码。

FTP 服务和 aaa 认证配置命令如下：

```
[Huawei]ftp server enable            //打开FTP服务
[Huawei-aaa]local-user dawa password cipher passwd1
                              //设置登录FTP服务的用户名和密码
[Huawei-aaa]local-user dawa ftp-directory flash:
                              //设置FTP服务的目录
[Huawei-aaa]local-user dawa service-type ftp    //设置该用户的服务类型
[Huawei-aaa]local-user dawa privilege level 3 //设置用户级别
```

（3）在本地计算机登录 FTP 服务器并下载配置文件。binary 命令将数据的传输模式设置为二进制模式（还有一种模式为 ASCII）。lcd d:\命令设置从 FTP 服务器下载的文件保存的位置，这里的保存位置设置为 D 盘根目录（可自行设置）。之后下载的备份文件就保存在本地计算机的 D 盘根目录里。

任务 32 网络故障排除

任务描述

A 公司网络管理员小李接到研发部电话，该部门计算机无法上网。于是小李紧急奔赴现场进行故障排检。

小李按照以下顺序进行故障排查：

（1）使用 ipconfig 命令查看网络配置；

（2）使用 ping 命令排除故障点；

（3）进行 ARP 病毒查杀；

（4）使用 tracert、route print、netstat 等命令查看网络路由信息。

任务清单

任务清单如表 8-2 所示。

表 8-2　网络故障排除——任务清单

任务目标	【素质目标】 　　在本任务的学习中，融入职业道德教育，培养学生爱岗敬业、认真负责、忠于职守的优秀品质。 【知识目标】 　　掌握使用 ipconfig 命令查看网络配置的方法； 　　掌握使用 ping 命令测试网络连通性的方法； 　　了解 ARP 原理及 ARP 病毒的危害； 　　掌握使用 tracert、route print、netstat 等命令查看网络路由信息的方法。 【能力目标】 　　能够及时排检网络故障，锁定故障点
任务重难点	【任务重点】 　　使用 ping 命令排除故障点的方法。 【任务难点】 　　对 ARP 原理的理解； 　　对路由表结构的掌握
任务内容	1.　使用 ipconfig 命令查看网络配置； 2.　使用 ping 命令测试网络连通性； 3.　使用 arp 命令查看网络地址缓存； 4.　使用 tracert 命令查看网络路由信息； 5.　使用 route print 命令查看本机网络路由表； 6.　使用 netstat 命令统计网络信息
所需材料	为每组提供一台能接入网络的计算机、一部无线终端或手持平板、一台无线路由器
资源链接	微课、图例、PPT 课件、实训报告单

网络设备安装与调试（华为版）

🕐 任务实施 ↗

8.3　使用 ipconfig 命令查看网络配置

1. ipconfig 命令介绍

ipconfig 命令可用于查看当前的 TCP/IP 配置信息，通常用来检查人工配置的 TCP/IP 是否正确。当我们所在的局域网使用了动态主机配置协议（DHCP）时，我们可能经常跟 ipconfig 命令打交道，因此掌握一些 ipconfig 命令的相关知识十分必要。

2. ipconfig 命令的使用方法

ipconfig 命令的使用方法分为不带参数与带参数使用两种。不带参数的 ipconfig 命令显示 DNS 后缀、IP 地址、子网掩码、默认网关等基本信息。相对而言，带参数的 ipconfig 命令显示的信息更为丰富、具体。

（1）不带参数的 ipconfig 命令。

打开计算机的 Windows 操作系统，从"开始"菜单中打开 RUN（运行）窗口，或者通过组合键 Win+R 打开 "RUN" (运行) 窗口。输入 cmd 命令, 打开 "命令" 窗口, 输入 ipconfig 并按回车键, 运行结果如图 8-1 所示。

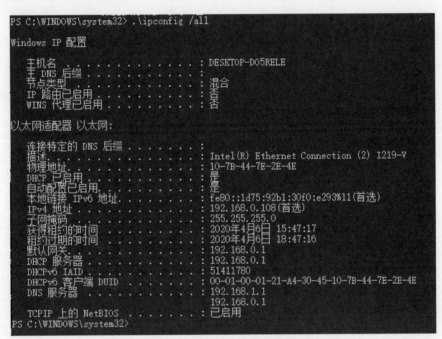

```
PS C:\Users\Y\Desktop> ipconfig

Windows IP 配置

以太网适配器 Ethernet0:

    连接特定的 DNS 后缀 . . . . . . . : localdomain
    本地链接 IPv6 地址. . . . . . . . : fe80::5cbb:4b90:7de:8c0a%4
    IPv4 地址 . . . . . . . . . . . . : 192.168.229.131
    子网掩码  . . . . . . . . . . . . : 255.255.255.0
    默认网关. . . . . . . . . . . . . : 192.168.229.2
```

图 8-1 不带参数的 ipconfig 命令的使用方法

(2) 带参数的 ipconfig 命令。

● all 参数: 如图 8-2 所示。带 all 参数还会显示物理地址、DHCP 信息等更为详细的配置信息。其命令格式为 ipconfig/all, 运行结果如图 8-2 所示。

```
PS C:\WINDOWS\system32> .\ipconfig /all

Windows IP 配置

    主机名 . . . . . . . . . . . . . : DESKTOP-DO5RELE
    主 DNS 后缀 . . . . . . . . . . . :
    节点类型 . . . . . . . . . . . . : 混合
    IP 路由已启用 . . . . . . . . . . : 否
    WINS 代理已启用 . . . . . . . . . : 否

以太网适配器 以太网:

    连接特定的 DNS 后缀 . . . . . . . :
    描述. . . . . . . . . . . . . . . : Intel(R) Ethernet Connection (2) I219-V
    物理地址. . . . . . . . . . . . . : 10-7B-44-7E-2E-4E
    DHCP 已启用 . . . . . . . . . . . : 是
    自动配置已启用. . . . . . . . . . : 是
    本地链接 IPv6 地址. . . . . . . . : fe80::1d75:92b1:30f0:e293%11(首选)
    IPv4 地址 . . . . . . . . . . . . : 192.168.0.108(首选)
    子网掩码  . . . . . . . . . . . . : 255.255.255.0
    获得租约的时间  . . . . . . . . . : 2020年4月6日 15:47:17
    租约过期的时间  . . . . . . . . . : 2020年4月6日 18:47:16
    默认网关. . . . . . . . . . . . . : 192.168.0.1
    DHCP 服务器 . . . . . . . . . . . : 192.168.0.1
    DHCPv6 IAID . . . . . . . . . . . : 51411780
    DHCPv6 客户端 DUID . . . . . . . . : 00-01-00-01-21-A4-30-45-10-7B-44-7E-2E-4E
    DNS 服务器  . . . . . . . . . . . : 192.168.1.1
                                        192.168.0.1
    TCPIP 上的 NetBIOS . . . . . . . . : 已启用
PS C:\WINDOWS\system32>
```

图 8-2 ipconfig/all 参数

● release 和 renew 参数: 其用法是 ipconfig/release、ipconfig/renew。如果输入 ipconfig/release, 那么所有端口租用的 IP 地址便重新交付给 DHCP 服务器; 如果输入 ipconfig/renew, 那么本地计算机便与 DHCP 服务器取得联系, 租用一个 IP 地址。在大多数情况下, 网卡被重新赋予和以前相同的 IP 地址。

3. ipconfig 命令在维修中的作用

在维修中, ipconfig 命令主要用来检查 TCP/IP 的配置是否正确, 以及释放或重新获得 DHCP 服务器下发的动态 IP 地址。

207

8.4 使用 ping 命令测试网络连通性

1. ping 命令及其排除故障的原理

ping 命令是在判断网络故障时经常使用的命令。掌握 ping 命令的各类使用技巧能够帮助我们排除不少网络故障。

ping 命令是 Windows 系统自带的可执行命令，通过它不仅可以检查网络是否连通，还可以分析判定网络出故障的节点。其原理是网络上的机器都有唯一的 IP 地址，给目标 IP 地址发送一个数据包，对方就要返回一个同样大小的数据包，根据返回的数据包我们能够确定目标主机的存在，能够初步判断与目标机器是否连通、时延多少。如果返回的数据包正常，则证明与目标主机是连通的；反之不通，二者之间必然存在故障。

2. ping 命令的使用方法

打开计算机 Windows 操作系统，从"开始"菜单打开 RUN（运行）窗口，或者通过组合键 Win+R 打开 RUN（运行）窗口，输入 cmd 命令，打开"命令"窗口，然后输入 ping 命令。ping 命令的格式是 ping IP 地址。例如，ping 172.16.0.1。需要注意的是，ping 与 IP 地址之间需要有空格，否则报错。

不一定非得 ping IP 地址，也能够直接 ping 主机域名，这样就能够获得主机的 IP 地址。

3. ping 命令参数的使用

ping 命令主要参数及参数的功能如表 8-3 所示。

表 8-3 ping 命令主要参数及参数的功能

参　　数	功　　能
-t	ping 指定的主机，直到停止。若要查看统计信息并继续操作，按 Ctrl+Break 组合键；若要停止，按 Ctrl+C 组合键
-n count	发送指定的数据包数，默认发送 4 个
-l size	指定发送的数据包的大小，默认发送的数据包大小为 32B
-f	在数据包中设置"不分段"标记（仅适用于 IPv4），这样数据包就不会被路由上的网关分段
-i TTL	将"生存时间"字段设置为 TTL 指定的值
-r count	记录计数跃点的路由（仅适用于 IPv4），最多记录 9 个
-w timeout	指定超时间隔，单位为 ms
-4	强制使用 IPv4
-6	强制使用 IPv4

4. ping 命令的返回信息

（1）当返回信息为"Reply from X.X.X.X:bytes=XX time<Xms TTL=XXX"时，表示与 IP 地址为 X.X.X.X 的目标主机连通正常。

（2）当返回信息为"request timed out"时，意味着请求超时，说明网络不通或网络状态不佳。存在4种情况：第一种情况，对方机器故障、已关机，或者网络上根本没有这个地址；第二种情况，对方与自己不在同一网段内，或者通过路由也无法找到对方；第三种情况，对方确实存在，但设置了ICMP数据包过滤（比如防火墙设置）；第四种情况，对方错误设置了IP地址。

（3）当返回信息是"destination host Unreachable"时，说明对方主机不存在或没有跟对方建立连接。第一种情况可能是对方与自己不在同一网段内，而自己又未设置默认的路由，第二种情况可能是网线出了故障。

这里要说明一下"destination host unreachable"和"timed out"的区别。如果所经过的路由器的路由表中具有到达目标的路由，而目标路由因为其他原因不可到达，这时会出现"time out"提示，而如果路由表中连到达目标的路由都没有，就会出现"destination host unreachable"提示。

（4）当返回信息为"bad IP address"时，表示可能没有连接到DNS服务器，无法解析这个IP地址，也可能IP地址不存在。

5. ping命令排除故障的方法

（1）ping 127.0.0.1。127.0.0.1是本地循环地址，如果无法ping通，则说明本机TCP/IP不能正常工作了。

（2）ping本机IP地址。通表示网卡正常，反之网卡出现故障。

（3）ping同网段IP地址。不通说明网线或交换机出现故障，通则进行下一步排检。

（4）ping网关IP地址。不通说明网关出现故障，通则进行下一步排检。

（5）ping网络中的主机域名。例如，ping www.phei.com.cn。不通说明DNS服务器出现问题。

（6）ping远程IP地址。不通说明网络连接出现问题。

8.5 使用arp命令查看网络地址缓存

ARP是TCP/IP协议簇中的一个重要协议，用于确定对应IP地址的网卡物理地址。

在《网络基础》先导课程中我们学习过OSI参考模型，了解IP数据包在局域网内部传输时并不是靠IP地址而是靠MAC地址来识别目标的，因此IP地址与MAC地址之间就必须存在一种对应关系，而ARP就是用来确定这种对应关系的。ARP在工作时，首先请求主机发送一个含有其希望到达的IP地址的以太网广播数据包，然后目标IP地址的所有者会以一个含有IP地址和MAC地址对的数据包应答请求主机。这样请求主机就能获得要到达的IP地址对应的MAC地址，同时请求主机会将这个地址对放入自己的ARP表缓存起来，以减少不必要的ARP通信。ARP的工作原理示意图如图8-3所示。

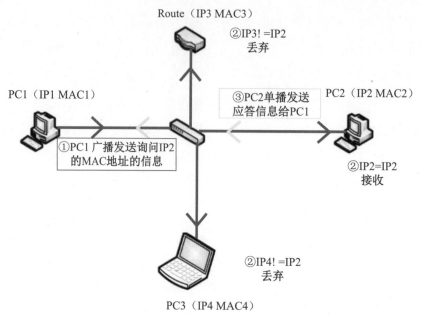

Route（IP3 MAC3）

②IP3！=IP2
丢弃

PC1（IP1 MAC1）

③PC2单播发送
应答信息给PC1

PC2（IP2 MAC2）

①PC1 广播发送询问IP2
的MAC地址的信息

②IP2=IP2
接收

②IP4！=IP2
丢弃

PC3（IP4 MAC4）

图 8-3 ARP 的工作原理示意图

图 8-3 是一个刚建立的局域网，交换机还未存储 ARP 缓存表。当 PC1 在局域网内与 PC2 通信时，因为二者处于同一个局域网，所以通过物理地址转发信息，但此时只知道 PC2 的 IP 地址，不知道相对应的物理地址是多少，因此需要通过交换机的广播功能在局域网内全网广播。当 PC2 以外的设备接收到广播后，由于和自己无关，因此会丢弃该广播，只有 PC2 单播与 PC1 取得联系。高速缓存中的 IP 地址与物理地址的对应关系，如图 8-4 所示。

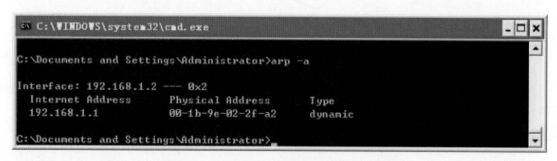

图 8-4 IP 地址与物理地址的对应关系

ARP 缓存表采用了老化机制，在一段时间内如果表中的某一行没有被使用（Windows 系统的这个时间为 2 分钟，而 Cisco 路由器的这个时间为 5 分钟），就会被删除，这样可以大大减少 ARP 表缓存大小。因此 ARP 缓存表是不断动态更新的。

正因为 ARP 缓存表并不固定，给包含有 ARP 欺骗功能的病毒可乘之机。终端感染病毒后，会欺骗局域网内所有主机和网关，让所有上网的流量必须经过 ARP 攻击者控制的主机。其他用户原来直接通过网关上网，现在转向通过被控主机转发上网，由于被控主机性能和程序性能的影响，这种转发并不会非常流畅，因此导致用户上网的速度变慢。而 ARP 缓存表存在老化机制，这就导致在某段时间主机能获得正确的网关 MAC 地址直到新的欺骗完成，在这两种情况的交替过程中，主机显示的状态就是时断时续。

因此，当终端无法正常上网时，ARP 病毒也是我们考虑排查的一项，平时也应注意防范该类病毒。

刚才提到 ARP 缓存表是动态的，那有没有办法以人工的方式输入静态项目呢？答案是有的，我们可以通过"ARP-S IP 地址 物理地址"命令的形式将 IP 地址与对应的物理地址以静态的方式绑定。

如果想人工删除一个静态项目，则可以通过"ARP-d IP"命令来实现。

8.6 使用 tracert 命令查看网络路由信息

使用 tracert 命令可以查看路由情况。具体来说，可以通过该命令查看数据包到达目的主机所经过的路径。

tracert 命令的基本用法是，在命令提示符后键入"tracert host_name"或"tracert ip_address"，其中，tracert 是 traceroute 在 Windows 操作系统上的写法，如图 8-5 所示。

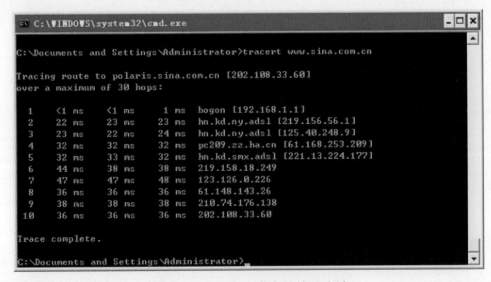

图 8-5 tracert 命令的使用方法

在图 8-5 中，输出有 5 列：

第一列是描述路径的第 n 跳的数值，即沿着该路径的路由器序号；

第二列是第一次往返时延；

第三列是第二次往返时延；

第四列是第三次往返时延；

第五列是路由器的名字及其输入端口的 IP 地址。

如果网络连通有问题，则可用 tracert 命令检查到达目标 IP 地址的路径，并记录经过的路径。通常当网络出现故障时，需要检测网络故障出现的位置。如果连不通目的地 IP 地址的设备，可以通过 tracert 命令来确定网络在哪个环节上出了问题。数据包在网络中停止的位置可能存在路由器故障或路由配置问题。

8.7 使用 route print 命令查看本机网络路由表

路由表是用来描述网络中计算机之间分布地址的信息表，通过在相关设备上查看路由表信息，可以清楚了解网络中的设备分布情况，从而及时排除网络故障。

route print 命令是 Windows 操作系统内嵌的查看本机路由表的命令，该命令用于显示与本机相连接的网络信息。其用法是打开计算机 Windows 操作系统，从"开始"菜单打开 RUN（运行）窗口，或通过组合键 Win+R 打开 RUN（运行）窗口，输入 cmd 命令，打开命令窗口，输入"route print"后按回车键。执行该命令后显示内容如图 8-6 所示。

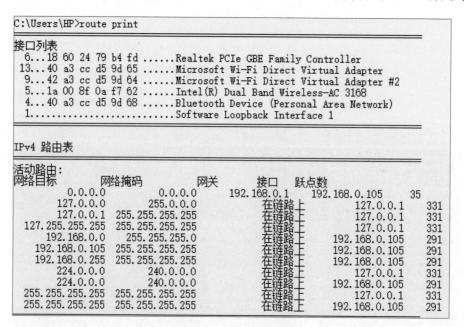

图 8-6 路由表信息

如图 8-6 所示，在 Windows 路由表中，每个条目都代表一个路由。路由表中的每一列都包含不同的信息。

网络目标（Network Destination）：目标网络的 IP 地址或网络 ID。

网络掩码（Netmask）：子网掩码，它用于将 IP 地址分为网络地址和主机地址。

网关（Gateway）：下一跳网关的 IP 地址。

端口（Interface）：数据包应该通过的网络端口。

跃点数（Metric）：路由的距离，也就是该路由到目标网络的距离。

8.8 使用 netstat 命令统计网络信息

netstat 命令用于显示与 IP、TCP、UDP 和 ICMP 协议相关的统计数据，一般用于检查本机各端口的网络连接情况。该命令的参数说明如下。

netstat -a：显示所有连接和监听的端口；

netstat -s：按照各个协议显示统计数据。如果你的应用程序（如 Web 浏览器）运行速度比较慢，或者不能显示 Web 页之类的数据，那么就可以使用本参数来查看信息。需要仔细查看统计数据的各行，找到出错的关键字，进而确定问题所在。

netstat -e：用于显示关于以太网的统计数据。它列出的项目包括传送的数据包的总字节数、错误数、删除数、数据包的数量和广播的数量。这些统计数据既包含发送的数据包数量，也包含接收的数据包数量。这个参数可以用来统计一些基本的网络流量。

netstat -r：可以显示关于路由表的信息，类似于 route print 命令显示的信息。除了显示有效路由，还显示当前有效的连接。

8.9 任务总结

在本任务中，小李通过排查发现，研发部门内部计算机之间能够 ping 通，内部计算机能够 ping 通网关，但是无法 ping 通远程 IP，证明问题不在局域网内。TCP/IP 配置及 DHCP、DNS 设置均无问题。通过执行"tracert""netstat -r"命令发现路由卡点出现在接入层核心交换机上。经分析发现，发生故障的原因在于研发部门网络增容改变了网段（由 C 类网络调整为 B 类网络），并且核心交换机使用静态路由方式，修改网段后未及时修改静态路由的配置，导致路由卡点的出现，进而影响了该部门计算机接入互联网。小李第一时间修改了接入层核心路由的配置，故障得以解除。

213

思考与实训

一、填空题

1. 在 OSI 参考模型中，同一节点的相邻层之间通过_____通信。

2. 万兆以太网采用_____作为传输介质。

3. 在 TCP/IP 参考模型中，支持无连接服务的传输层协议是_____。

4. 计算机病毒一般具有以下五大特点：破坏性、隐蔽性、_____、潜伏性和激发性。

5. 防火墙技术经历了三个阶段，即包过滤技术、_____和状态监视技术。

6. 为避免广播风暴，交换机可采用 VLAN 技术隔绝_____。

7. _____协议规定了数据传递过程中收发双方要进行三次"握手"。首先进行通信准备，建立通信链路；其次，同意通信，进行数据传递；最后，告知对方数据传输结束。

8. 在 ISO/OSI 参考模型中，路由器是_____层设备，交换机是_____层设备。

9. 机房温度最好保持在_____~_____℃。

10. 机房湿度最好保持在_____%~_____%。

11. 路由器的_____指示灯会根据网络流量的大小，以不同速度闪烁。这表明路由器正在进行数据传输。

12. 显示路由表信息的命令有_____和_____。

13.＿＿＿＿＿＿命令用于查看高速缓存中的 IP 地址与物理地址的对应关系。

14．测试网络连通性的命令是＿＿＿＿＿＿。

15．查看物理地址的命令是＿＿＿＿＿＿。

二、上机实训

1．使用命令查看本机 DNS 服务器地址，并对该 DNS 服务器进行路由跟踪。

2．安装 360 杀毒软件，并对本机全盘查毒。

3．查看本机物理地址，以及高速缓存中 IP 地址与物理地址的对应情况。

4．假设本机无法接入互联网，但是局域网内其他机器能正常上网，你认为造成故障的原因有哪些？并列出 ping 命令排障步骤。

5．查看访问百度服务器需要经过的网关信息，数一数共经过多少网关。

网络设备安装与调试（华为版）

模块 9

综合实训

任务 33 部署三层局域网

任务描述

小明的公司最近需要进行一次企业局域网的改造。在沟通讨论中，小明建议该网络采用经典的三层架构模型，该方案得到了领导的认可，并且请小明负责整个网络的搭建。

任务清单

任务清单如表 9-1 所示。

表 9-1　部署三层局域网——任务清单

任务目标	【素质目标】 培养学生规范化操作的职业习惯；培养学生分析与解决问题的职业素养。 【知识目标】 熟练掌握三层局域网的配置方法。 【能力目标】 能够配置三层局域网的各个网络设备
任务重难点	【任务重点】 综合所学知识配置三层局域网。 【任务难点】 三层局域网中各设备的配置方法
任务内容	三层局域网的配置
所需材料	实训计算机，安装了 Windows 10 操作系统
资源链接	微课、图例、PPT 课件、实训报告单

9.1 综合实训——部署三层局域网

公司有两个办公区域，现要求两个区域均能访问 Internet，网络拓扑结构如图 9-1 所示。根据公司要求，需要在核心交换机上配置 DHCP 服务，使得所有终端接入设备可以自动获取 IP 地址。同时模拟 ISP 和 Server 服务器的真实网络环境。在核心交换机和防火墙之间配置 OSPF 路由功能，配置核心交换机的默认路由和防火墙的 NAT 地址转换，使内网办公区域的终端设备可以正常访问 Server 服务器。

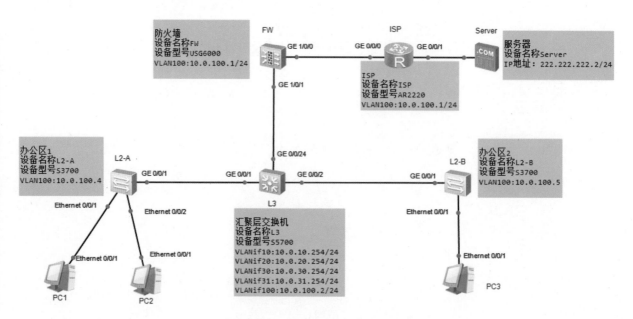

图 9-1 三层网络结构拓扑结构

1. 网络规划阶段

根据拓扑结构进行连接，并开启所有设备。完成设备端口 IP 地址的配置，如表 9-2 所示；完成 VLAN 地址规划，如表 9-3 所示。

表 9-2 设备说明

设备名称	端口	IP 地址子网掩码	网关	所属 VLAN	对端设备	端口
PC1	Ethernet 0/0/1	DHCP 获取	DHCP 获取	VLAN 10	L2-A	Ethernet 0/0/1
PC2	Ethernet 0/0/1	DHCP 获取	DHCP 获取	VLAN 20	L2-A	Ethernet 0/0/2
PC3	Ethernet 0/0/1	DHCP 获取	DHCP 获取	VLAN 20	L2-B	Ethernet 0/0/1
L2-A	Ethernet 0/0/1	—	—	VLAN 10	PC1	Ethernet 0/0/1
	Ethernet 0/0/2	—	—	VLAN 20	PC2	Ethernet 0/0/1
	GE 0/0/1	—	—	Trunk	L3	GE 0/0/1
L2-B	Ethernet 0/0/1	—	—	VLAN 20	PC3	Ethernet 0/0/1
	GE 0/0/1	—	—	Trunk	L3	GE 0/0/2

设备名称	端 口	IP 地址 子网掩码	网 关	所属 VLAN	对端设备	端 口
L3	GE 0/0/1	—	—	Trunk	L2-A	GE 0/0/1
	GE 0/0/2	—	—	Trunk	L2-B	GE 0/0/2
	GE 0/0/24	—	—	VLAN 100	FW	GE 1/0/1
FW	GE 1/0/0	123.4.5.2/30	123.4.5.1	—	ISP	GE 0/0/0
	GE 1/0/1	—	—	VLAN 100	L3	GE 0/0/24
ISP	GE 0/0/0	123.4.5.1/30	—	—	FW	GE 1/0/0
	GE 0/0/1	222.222.222.1/24	—	—	Server	Ethernet 0/0/0
Server	Ethernet 0/0/0	222.222.222.2/24	222.222.222.1	—	ISP	GE 0/0/1

表 9-3　VLAN 地址规划

设 备 名 称	VLAN ID	VLAN IF IP	备 注
FW	VLAN 100	10.0.100.1/24	管理互通
L3	VLAN 10	10.0.10.254/24	有线用户 1
	VLAN 20	10.0.20.254/24	有线用户 2
	VLAN 30	10.0.30.254/24	AP 注册
	VLAN 31	10.0.31.254/24	无线用户
	VLAN 100	10.0.100.2/24	管理互通
L2-A	VLAN 10	—	有线用户 1
	VLAN 20	—	有线用户 2
	VLAN 30	—	AP 注册
	VLAN 31	—	无线用户
	VLAN 100	10.0.100.4/24	管理互通
L2-B	VLAN 10	—	有线用户 1
	VLAN 20	—	有线用户 2
	VLAN 30	—	AP 注册
	VLAN 31	—	无线用户
	VLAN 100	10.0.100.5/24	管理互通

2. 配置阶段

（1）L3 配置：

```
<Huawei>system-view
[Huawei]sysname L3
[L3]undo info-center enable
[L3]vlan batch 10 20 30 31 100
[L3]interface Vlanif 10
[L3-Vlanif10]ip address 10.0.10.254 24
[L3-Vlanif10]quit
[L3]interface Vlanif 20
[L3-Vlanif20]ip address 10.0.20.254 24
[L3-Vlanif20]quit
[L3]interface Vlanif 30
```

```
[L3-Vlanif30]ip address 10.0.30.254 24
[L3-Vlanif30]quit
[L3]interface Vlanif 31
[L3-Vlanif31]ip address 10.0.31.254 24
[L3-Vlanif31]quit
[L3]interface Vlanif 100
[L3-Vlanif100]ip address 10.0.100.2 24
[L3-Vlanif100]quit
[L3]interface GigabitEthernet0/0/1
[L3-GigabitEthernet0/0/1]port link-type trunk
[L3-GigabitEthernet0/0/1]port trunk allow-pass vlan all
[L3-GigabitEthernet0/0/1]quit
[L3]interface GigabitEthernet0/0/2
[L3-GigabitEthernet0/0/2]port link-type trunk
[L3-GigabitEthernet0/0/2]port trunk allow-pass vlan all
[L3-GigabitEthernet0/0/2]quit
[L3]interface GigabitEthernet0/0/24
[L3-GigabitEthernet0/0/24]port link-type trunk
[L3-GigabitEthernet0/0/24]port trunk allow-pass vlan all
[L3-GigabitEthernet0/0/24]quit
[L3]
```

（2）L2-A 的基本配置：

```
<Huawei>system-view
[Huawei]sysname L2-A
[L2-A]undo info-center enable
[L2-A]vlan batch 10 20 30 31 100
[L2-A]interface GigabitEthernet0/0/1
[L2-A-GigabitEthernet0/0/1]port link-type trunk
[L2-A-GigabitEthernet0/0/1]port trunk allow-pass vlan all
[L2-A-GigabitEthernet0/0/1]quit
[L2-A]interface Vlanif 100
[L2-A-Vlanif100]ip address 10.0.100.4 24
[L2-A-Vlanif100]quit
[L2-A]interface Ethernet0/0/1
[L2-A-Ethernet0/0/1]port link-type access
[L2-A-Ethernet0/0/1]port default vlan 10
[L2-A-Ethernet0/0/1]quit
[L2-A]interface Ethernet0/0/2
[L2-A-Ethernet0/0/2]port link-type access
[L2-A-Ethernet0/0/2]port default vlan 20
[L2-A-Ethernet0/0/2]quit
```

（3）L2-B 的基本配置：

```
<Huawei>system-view
[Huawei]sysname L2-B
[L2-B]undo info-center enable
[L2-B]vlan batch 10 20 30 31 100
[L2-B]interface GigabitEthernet0/0/1
[L2-B-GigabitEthernet0/0/1]port link-type trunk
[L2-B-GigabitEthernet0/0/1]port trunk allow-pass vlan all
[L2-B-GigabitEthernet0/0/1]quit
[L2-B]interface Vlanif 100
[L2-B-Vlanif100]ip address 10.0.100.5 24
[L2-B-Vlanif100]quit
[L2-B]interface Ethernet0/0/1
[L2-B-Ethernet0/0/1]port link-type access
[L2-B-Ethernet0/0/1]port default vlan 20
[L2-B-Ethernet0/0/1]quit
```

（4）防火墙基本配置如下（默认用户名：admin，密码：Admin@123）：

```
<USG6000V1>system-view
[USG6000V1]sysname FW
[FW]undo info-center enable
[FW]vlan batch 100
[FW]interface Vlanif 100
[FW-Vlanif100]ip address 10.0.100.1 24
[FW-Vlanif100]alias Vlanif100
[FW-Vlanif100]service-manage ping permit
[FW-Vlanif100]quit
[FW]interface GigabitEthernet 1/0/0
[FW-GigabitEthernet1/0/0]ip address 123.4.5.2 30
[FW-GigabitEthernet1/0/0]alias ISP
[FW-GigabitEthernet1/0/0]gateway 123.4.5.1
[FW-GigabitEthernet1/0/0]service-manage ping permit
[FW-GigabitEthernet1/0/0]quit
[FW]interface GigabitEthernet 1/0/1
[FW-GigabitEthernet1/0/1]portswitch
[FW-GigabitEthernet1/0/1]port link-type trunk
[FW-GigabitEthernet1/0/1]port trunk allow-pass vlan all
[FW-GigabitEthernet1/0/1]quit
[FW]firewall zone trust
[FW-zone-trust]add interface GigabitEthernet 1/0/1
[FW-zone-trust]add interface Vlanif100
[FW-zone-trust]quit
[FW]firewall zone untrust
```

```
[FW-zone-untrust]add interface GigabitEthernet 1/0/0
[FW-zone-untrust]quit
[FW]security-policy
[FW-policy-security]rule name trust_to_untrust
[FW-policy-security-rule-trust_to_untrust]source-zone trust
[FW-policy-security-rule-trust_to_untrust]destination-zone
untrust
[FW-policy-security-rule-trust_to_untrust]action permit
[FW-policy-security-rule-trust_to_untrust]quit
[FW-policy-security]
[FW-policy-security]rule name untrust_to_trust
[FW-policy-security-rule-untrust_to_trust]source-zone untrust
[FW-policy-security-rule-untrust_to_trust]destination-zone trust
[FW-policy-security-rule-untrust_to_trust]action permit
[FW-policy-security-rule-untrust_to_trust]quit
[FW-policy-security]
[FW]
```

（5）ISP 路由器配置：

```
<Huawei>system-view
[Huawei]sysname ISP
[ISP]undo info-center enable
[ISP]interface GigabitEthernet0/0/0
[ISP-GigabitEthernet0/0/0]ip address 123.4.5.1 30
[ISP-GigabitEthernet0/0/0]quit
[ISP]interface GigabitEthernet0/0/1
[ISP-GigabitEthernet0/0/1]ip address 222.222.222.1 24
[ISP-GigabitEthernet0/0/1]quit
```

（6）在 L3 核心交换机处配置 DHCP 服务：

```
[L3]dhcp enable
[L3]interface Vlanif 10
[L3-Vlanif10]dhcp select interface
[L3-Vlanif10]quit
[L3]interface Vlanif 20
[L3-Vlanif20]dhcp select interface
[L3-Vlanif20]quit
```

（7）为防火墙设备 FW 和核心交换机 L3 配置 OSPF 动态路由：

```
[L3]ospf 1
[L3-ospf-1]area 0
[L3-ospf-1-area-0.0.0.0]network 10.0.10.0 0.0.0.255
[L3-ospf-1-area-0.0.0.0]network 10.0.20.0 0.0.0.255
[L3-ospf-1-area-0.0.0.0]network 10.0.100.0 0.0.0.255
```

```
[L3-ospf-1-area-0.0.0.0]quit
[L3-ospf-1]quit

[FW]ospf 1
[FW-ospf-1]area 0
[FW-ospf-1-area-0.0.0.0]network 10.0.100.0 0.0.0.255
[FW-ospf-1-area-0.0.0.0]quit
[FW-ospf-1]quit
```

（8）配置防火墙设备的 NAT，保证内网设备可以正常访问 Server 服务器：
```
[FW]nat-policy
[FW-policy-nat]rule name trust_nat_untrust
[FW-policy-nat-rule-trust_nat_untrust]source-zone trust
[FW-policy-nat-rule-trust_nat_untrust]egress-interface
GigabitEthernet 1/0/0
[FW-policy-nat-rule-trust_nat_untrust]action source-nat easy-ip
[FW-policy-nat-rule-trust_nat_untrust]quit
[FW-policy-nat]quit

[L3]ip route-static 0.0.0.0 0.0.0.0 10.0.100.1
```

3. 验证阶段

（1）使用命令 ipconfig 分别查看两个办公区之间的三台终端计算机的 IP 地址是否已经从 DHCP 服务器获取，并查看三台计算机之间是否连通，如图 9-2 所示。

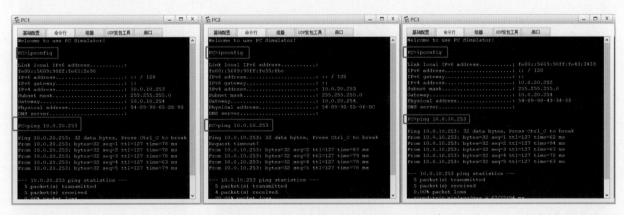

图 9-2 验证计算机之间连通性

（2）使用命令 display ip routing-table 查看防火墙设备路由表，如图 9-3 所示。可以看到，防火墙设备通过 OSPF 学习了 VLAN 10 和 VLAN 20 的路由。
```
<FW>display ip routing-table
```
（3）使用内网 PC1 和 PC3 设备来测试到 Server 服务器之间的通信，如图 9-4 所示。

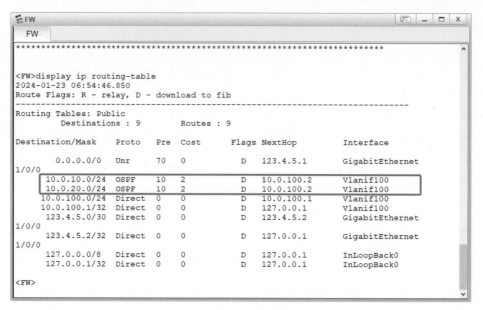

图 9-3　防火墙路由表

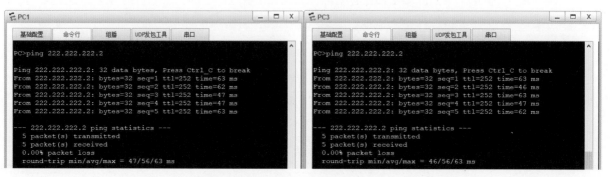

图 9-4　验证内网办公区设备与 Server 之间的连通性

任务描述

　　由于移动终端的快速发展，越来越多的设备需要接入无线网络。为了方便公司对接入网络设备的统一管理，小明的公司决定采用 AP+AC 的方式，在三层局域网基础上扩展无线网络。

任务清单

任务清单如表 9-4 所示。

网络设备安装与调试（华为版）

222

表 9-4　扩展无线网络——任务清单

任务目标	【素质目标】
	培养学生全局规划意识;
	培养学生不怕困难，解决问题的职业素养;
	【知识目标】
	熟练掌握从企业局域网扩展无线网络的方法;
	【能力目标】
	能够在局域网的基础上扩展无线网络
任务重难点	【任务重点】
	AP+AC 的无线架构配置;
	【任务难点】
	无线 AC 的配置方法
任务内容	在局域网基础上扩展无线网络
所需材料	为每组提供一台能接入网络且安装了 eNSP 的计算机
资源链接	微课、图例、PPT 课件、实训报告单

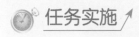 任务实施

9.2　综合实训——扩展无线网络

在 9.1 节的基础上扩展无线网络,继续添加无线 AC 和 AP 及无线用户 STA1 和 Cellphone1,网络拓扑结构如图 9-5 所示。

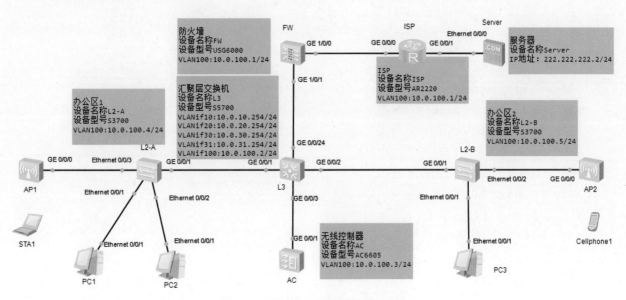

图 9-5　扩展无线网络拓扑结构

1. 网络规划

根据拓扑结构完善网络连接，新增无线设备 AC、AP1、AP2、STA1、Cellphone1，并开启所有设备。完成设备端口 IP 地址的配置，如表 9-5 所示；完成 VLAN 地址规划，如表 9-6 所示。

表 9-5　设备说明

设 备 名 称	端　　口	IP 地址/掩码	网　　关	所属 VLAN	对端设备	端　　口
L2-A	Ethernet 0/0/3	—	—	Trunk	AP1	GE 0/0/0
L2-B	Ethernet 0/0/2	—	—	Trunk	AP2	GE 0/0/0
L3	GE 0/0/3	—	—	Trunk	AC	GE 0/0/3
AP1	GE 0/0/0	DHCP 获取	DHCP 获取	VLAN 30	L2-A	Ethernet 0/0/3
AP2	GE 0/0/0	DHCP 获取	DHCP 获取	VLAN 30	L2-B	Ethernet 0/0/2
AC	GE 0/0/1	—	—	Trunk	L3	GE 0/0/3

表 9-6　VLAN 地址规划

设 备 名 称	VLAN ID	VLAN IP 地址	备　　注
L3	VLAN 30	10.0.30.254/24	AP 注册
	VLAN 31	10.0.31.254/24	无线用户
AC	VLAN 30	—	AP 注册
	VLAN 31	—	无线用户
	VLAN 100	10.0.100.3/254	管理互通
L2-A	VLAN 30	—	AP 注册
	VLAN 31	—	无线用户
L2-B	VLAN 30	—	AP 注册
	VLAN 31	—	无线用户

2. 配置阶段

（1）AC 基本配置：

```
<AC6605>system-view
[AC6605]sysname AC
[AC]undo info-center enable
[AC]vlan batch 30 31 100
[AC]interface Vlanif 100
[AC-Vlanif100]ip address 10.0.100.3 24
[AC-Vlanif100]quit
[AC]interface GigabitEthernet0/0/1
[AC-GigabitEthernet0/0/1]port link-type trunk
[AC-GigabitEthernet0/0/1]port trunk allow-pass vlan all
[AC-GigabitEthernet0/0/1]quit
[AC]ospf 1
[AC-ospf-1]area 0
```

```
[AC-ospf-1-area-0.0.0.0]network 10.0.100.0 0.0.0.255
[AC-ospf-1-area-0.0.0.0]quit
[AC-ospf-1]quit
[AC]ip route-static 0.0.0.0 0.0.0.0 10.0.100.1
[AC]capwap source interface vlanif100
[AC]wlan
[AC-wlan-view]ap auth-mode no-auth
[AC-wlan-view]quit
[AC]
```

（2）在 L3 交换机上配置无线 VLAN 的 DHCP 服务：

```
[L3]interface GigabitEthernet0/0/3
[L3-GigabitEthernet0/0/3]port link-type trunk
[L3-GigabitEthernet0/0/3]port trunk allow-pass vlan all
[L3-GigabitEthernet0/0/3]quit
[L3]interface Vlanif 30
[L3-Vlanif30]ip address 10.0.30.254 24
[L3-Vlanif30]dhcp select interface
[L3-Vlanif30]dhcp server option 43 sub-option 1 ip-address
10.0.100.3
[L3-Vlanif30]quit
[L3]interface Vlanif 31
[L3-Vlanif31]dhcp select interface
[L3-Vlanif31]quit
[L3]ospf 1
[L3-ospf-1]area 0
[L3-ospf-1-area-0.0.0.0]network 10.0.30.0 0.0.0.255
[L3-ospf-1-area-0.0.0.0]network 10.0.31.0 0.0.0.255
[L3-ospf-1-area-0.0.0.0]quit
[L3-ospf-1]quit
[L3]
```

（3）L2 接入交换机配置：

```
[L2-A]interface Ethernet0/0/3
[L2-A-port-group-link-type]port link-type trunk
[L2-A-port-group-link-type]port trunk allow-pass vlan 30 31
[L2-A-port-group-link-type]port trunk pvid vlan 30
[L2-A-port-group-link-type]quit
[L2-A]
[L2-B]interface Ethernet0/0/2
[L2-B-Ethernet0/0/2]port link-type trunk
[L2-B-Ethernet0/0/2]port trunk allow-pass vlan 30 31
[L2-B-Ethernet0/0/2]port trunk pvid vlan 30
[L2-B-Ethernet0/0/2]quit
[L2-B]
```

（4）连接 AP 设备并开启。在 AC 中使用 display ap all 命令可以查看上线的 AP 设备，如图 9-6 所示。

```
[AC]display ap all
```

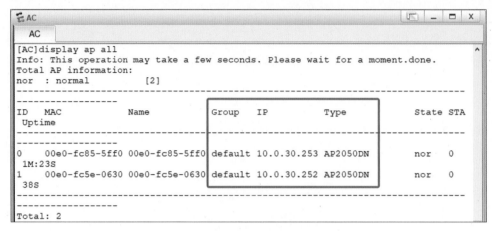

图 9-6　查看 AP 设备是否上线

（5）在 AC 中创建名为 ZHSX_123 的 SSID 无线网络，将密码设置为 12345678，并绑定到 VLAN 31：

```
[AC]wlan
[AC-wlan-view]ssid-profile name 31_ssid
[AC-wlan-ssid-prof-31_ssid]ssid ZHSX_123
[AC-wlan-ssid-prof-31_ssid]quit
[AC-wlan-view]security-profile name 31_password
[AC-wlan-sec-prof-31_password] security wpa2 psk pass-phrase
12345678 aes
[AC-wlan-sec-prof-31_password]quit
[AC-wlan-view]vap-profile name 31_vap
[AC-wlan-vap-prof-31_vap]service-vlan vlan-id 31
[AC-wlan-vap-prof-31_vap]ssid-profile 31_ssid
[AC-wlan-vap-prof-31_vap]security-profile 31_password
[AC-wlan-vap-prof-31_vap]forward-mode direct-forward
[AC-wlan-vap-prof-31_vap]quit
[AC-wlan-view]ap-group name default
[AC-wlan-ap-group-default]vap-profile 31_vap wlan 1 radio all
[AC-wlan-ap-group-default]quit
[AC-wlan-view]
```

配置完成后，拓扑结构如图 9-7 所示。

3. 验证阶段

使用 STA1 和 Cellphone1 设备并输入无线密码"12345678"连接无线网络，如图 9-8 所示。连接成功后，分别在无线设备 STA1 和 Cellphone1 中使用命令查看与 Server 的连通性，如图 9-9 所示，可以看到，访问成功。

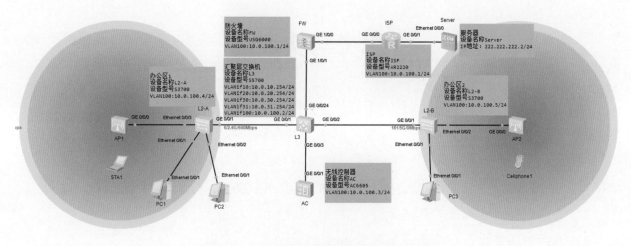

图 9-7　无线网络配置完成后拓扑结构

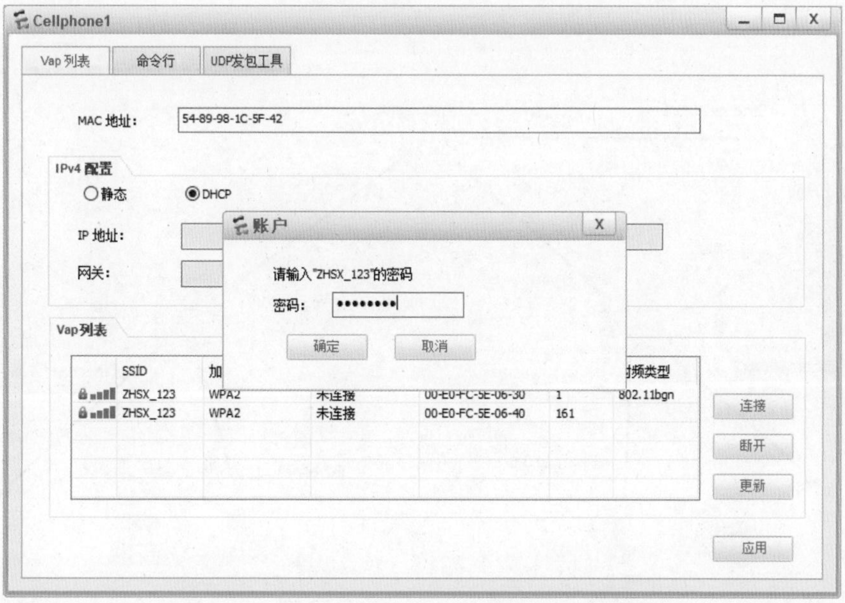

图 9-8　将 Cellphone1 连接到无线网络

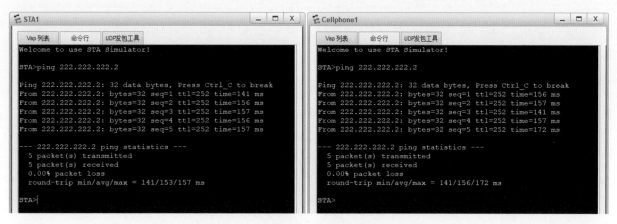

图 9-9　无线用户成功访问 Server

思考与实训

一、小明入职一家企业担任网络管理员，企业网络拓扑结构如图 9-10 所示。企业要求财务部、技术部、销售部的计算机都接入网络，并自动获取 IP 地址。不同部门的计算机因不同的工作业务和安全性要求，务必在不同的虚拟局域网内，但相互之间又能进行访问。请根据拓扑图在华为 eNSP 模拟器中进行网络配置，并完成以下实验：

1．请完成各网络设备的基本配置，并自行规划 IP 地址；

2．请为各网络设备及终端设备配置 IP 地址以及划分 VLAN；

3．请配置 DHCP 服务器，并使终端设备自行获取 IP 地址；

4．验证财务部、技术部和销售部设备之间的连通性。

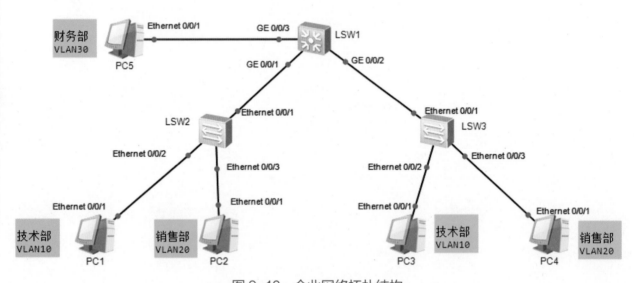

图 9-10　企业网络拓扑结构

二、小明入职一家电子商务企业担任网络管理员，现企业需要连入互联网，其网络拓扑结构如图 9-11 所示。企业内网中的 PC1 和 PC3 均在 VLAN 10 中，PC2、Server1 和 Client1 均在 VLAN 20 中，各 IP 地址如图中所示。请在 eNSP 模拟器中，完成相关设备的配置，并完成以下实验：

1．请根据拓扑图合理规划并配置各设备的网络地址；

2．在内网核心交换机处与外网 AR2 处配置 DHCP 服务，使终端设备可以获取 IP 地址；

3．合理配置内网三层设备与路由器之间的路由，保证网络正常通信；

4．请使用路由协议完成两个网络之间的连通；

5．验证内网区域和外网区域设备之间的连通性。

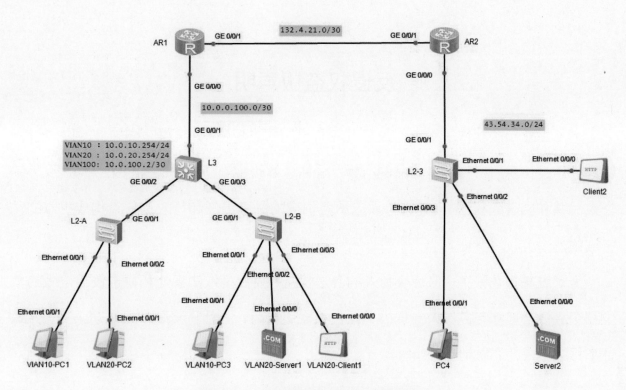

图 9-11　电子商务企业网络拓扑结构